贵州省教育规划重大课题"贵州'校农结合'助推脱贫攻坚及产业革命的理论与实践研究"
（课题批准号2018ZD001）、
"民族地区乡村振兴战略研究中心"
（课题批准号qnsyxjxczx201701）、
"'校农结合'助推乡村振兴的理论与实践研究"（QNSY2018XK007）系列成果

贵州"校农结合"
的理论与实践研究

GUIZHOU "XIAONONG JIEHE"
DE LILUN YU SHIJIAN YANJIU

主　编／王廷勇　吴芳梅　杨　未
副主编／罗　俊　陈治松　曹庆楼　孟钦武

U0251991

四川大学出版社

项目策划：吴近宇
责任编辑：吴近宇
责任校对：吴连英
封面设计：墨创文化
责任印制：王　炜

图书在版编目（CIP）数据

贵州"校农结合"的理论与实践研究／王廷勇，吴
芳梅，杨未主编． — 成都：四川大学出版社，2019.11
　　ISBN 978-7-5690-3173-7

　　Ⅰ．①贵… Ⅱ．①王… ②吴… ③杨… Ⅲ．①农业教
育－研究－贵州 Ⅳ．①S-4

中国版本图书馆 CIP 数据核字（2019）第 254007 号

书名　贵州"校农结合"的理论与实践研究
　　　Guizhou "xiaonongjiehe" de lilun yu shijian yanjiu

主　　编	王廷勇　吴芳梅　杨　未	
出　　版	四川大学出版社	
地　　址	成都市一环路南一段 24 号（610065）	
发　　行	四川大学出版社	
书　　号	ISBN 978-7-5690-3173-7	
印前制作	四川胜翔数码印务设计有限公司	
印　　刷	成都金龙印务有限责任公司	
成品尺寸	170mm×240mm	
印　　张	11	
字　　数	206 千字	
版　　次	2020 年 4 月第 1 版	
印　　次	2020 年 4 月第 1 次印刷	
定　　价	48.00 元	

扫码加入读者圈

◆ 读者邮购本书，请与本社发行科联系。
　　电话：(028)85408408/(028)85401670/
　　(028)86408023　邮政编码：610065
◆ 本社图书如有印装质量问题，请寄回出版社调换。
◆ 网址：http://press.scu.edu.cn

四川大学出版社
微信公众号

目　录

一、绪　论…………………………………………………………（1）

　　（一）研究背景与研究意义………………………………………（1）

　　（二）国内外相关研究……………………………………………（10）

　　（三）课题研究方法………………………………………………（15）

　　（四）"校农结合"、脱贫攻坚、产业革命的含义及相互关系………（16）

二、本课题研究的理论基础………………………………………（20）

　　（一）马克思主义内外因辩证原理………………………………（20）

　　（二）碰撞理论……………………………………………………（20）

　　（三）认识与实践的辩证关系……………………………………（22）

　　（四）经典反贫困理论……………………………………………（23）

　　（五）产业结构理论………………………………………………（27）

三、贵州"校农结合"实践成效及创新突破……………………（29）

　　（一）全国"农校对接"的产生与发展…………………………（29）

　　（二）"校农结合"实践的基本情况 ……………………………（30）

　　（三）贵州"校农结合"实践取得初步成效……………………（38）

　　（四）贵州"校农结合"实践取得"七个新突破"………………（45）

四、当前贵州省"校农结合"实践存在的主要问题…………………（51）

　　（一）"校农结合"理论研究相对滞后 …………………………（51）

　　（二）"校农结合"区域统筹推进合力尚未形成 ………………（51）

　　（三）"校农结合"的实际成效仍不及预期目标…………………（51）

　　（四）"校农结合"向纵深推进的力度不够………………………（52）

　　（五）"校农结合"的横向机制不畅通 …………………………（53）

　　（六）农产品价差问题……………………………………………（54）

（七）生产与需求的季节性矛盾 ························· （54）

（八）学校需求多样性与农户生产单一性的矛盾 ············ （55）

（九）企业承担社会责任的意识不足 ····················· （55）

五、贵州"校农结合"案例调查与基本经验 ··················· （56）

（一）黔南州"校农结合"情况 ······················· （56）

（二）平塘县"校农结合"实践调查 ··················· （57）

（三）卡蒲毛南族乡"校农结合"实施情况 ············· （61）

（四）惠水县"校农结合"实践调查 ··················· （105）

（五）贵州"校农结合"的基本经验 ··················· （107）

（六）贵州"校农结合"实践的启示 ··················· （109）

六、"校农结合"快速发展并得以全面推广的主要原因 ········· （114）

（一）"校农结合"具有深厚的实践基础，符合贵州实际 ··· （114）

（二）"校农结合"具有旺盛的生命力和广阔的发展前景 ··· （115）

（三）"校农结合"抓住产业革命"八要素"的核心 ····· （115）

（四）"校农结合"顺应时代要求，是脱贫攻坚的创新模式 ··· （117）

（五）"校农结合"具有"抓两头带中间"的功效 ········· （117）

七、贵州"校农结合"助推脱贫攻坚与产业革命的理论模型 ····· （119）

（一）贵州"校农结合"助推脱贫攻坚的理论模型 ········· （119）

（二）贵州"校农结合"助推产业革命的理论模型 ········· （121）

（三）攻坚脱贫、产业升级与教育质量提升模型 ········· （123）

八、2019 年贵州"校农结合"的重点任务 ··················· （126）

（一）在校学生人口基数大 ··························· （126）

（二）贵阳市应以高等教育和普通小学为重点，统筹其他学校 （127）

（三）其他 8 个地州市应以普通中小学为主推进"校农结合" （127）

（四）全省应以贵阳市、遵义市、毕节市为重点，统筹各州市 （132）

（五）全省应以贫困县、贫困乡镇、贫困村为导向 ········· （134）

九、推进贵州"校农结合"的基本思路 ····················· （137）

（一）对标省厅两级标准，完善"校农结合"激励考核机制 ··· （137）

（二）抓住新阶段贵州"校农结合"工作主线 …………………（137）

（三）以农村产业革命为导向，推进"校农结合"工作 …………（138）

（四）因地施策，建立贵州"校农结合"的长效机制 ……………（138）

十、总结：统筹兼顾，多方发力，坚定不移往前推 …………………（140）

（一）统一认识，提高站位，坚定信念往前推 …………………（140）

（二）做好顶层设计，分类分层有序往前推 ……………………（142）

（三）重点突破与统筹协调相结合往前推 ………………………（146）

（四）打通校内校外机制障碍往前推 ……………………………（148）

（五）创新"校农结合"精准扶贫模式往前推 …………………（150）

（六）整合学校资源优势，志智双扶往前推 ……………………（154）

（七）在充分发挥市场决定性作用的基础上往前推 ……………（155）

（八）强化"校农结合"与乡村振兴，在深度融合中往前推 ……（155）

（九）深入研究产销对接的基本规律往前推 ……………………（156）

附件：黔南民族师范学院"校农结合"2018 年工作总结 …………（160）

一、绪　论

（一）研究背景与研究意义

1. 研究背景

（1）消除贫困是社会主义的本质要求和党中央的庄严承诺

党的十八大以来，脱贫攻坚成为全党工作的重中之重，兑现"人民对美好生活的向往"与全面实现小康社会是我们党的庄严承诺和奋斗目标。自 2013 年习近平总书记提出关于精准扶贫的重要论述至今，我国的精准扶贫、精准脱贫攻坚战已取得阶段性进展。习近平总书记站在全面建成小康社会、实现中华民族伟大复兴的战略高度，把脱贫攻坚摆到治国理政的最突出位置，提出一系列新观点，进行一系列新决策、新部署，展开了一系列前所未有的重大社会实践，推动中国减贫事业取得巨大成就，为世界减贫事业做出了重大贡献。这些成就的取得，离不开正确思想与科学理论的指导。党中央精准扶贫、精准脱贫的战略部署是打赢脱贫攻坚战的行动指南，习近平总书记对精准扶贫的重要论述为马克思主义反贫困理论贡献了"中国智慧"与"中国方案"，为战胜贫困、全面实现小康社会提供了不竭的精神动力和思想源泉。

（2）贵州脱贫攻坚取得重大阶段性成效

改革开放四十多年来，贵州的社会主义现代化建设取得了历史性成就，经济、社会发生了深层次、根本性的变化，为全面建成小康社会奠定了坚实的基础。2013 年至今，贵州经济社会发展取得的巨大成绩得到党和国家领导人的充分肯定，被习近平总书记赞誉为"党的十八大以来党和国家事业大踏步前进的一个缩影"。贵州是全国脱贫攻坚的主战场之一，为更加全面深入贯彻精准扶贫战略思想，激发贵州"苦干实干、后发赶超"精神，2017 年到 2018 年，贵州省委、省政府发起了脱贫攻坚春季攻势、夏季大比武、秋季攻势和脱贫攻坚"春风行动令",脱贫攻坚事业取得了实质性成效。截至 2018 年 9 月 21 日,贵州省脱贫攻坚取得重大阶段性成果,全省"减少农村贫困人口 670.8 万人,易地扶贫搬迁 173.6 万人,贫困发生率从 26.8% 下降到 8% 以下,减贫和搬迁人数全国最多",创造了全国脱贫攻坚的"省级样板"。桐梓县、凤冈县、湄潭县、习水县、西秀区、平坝区、黔西县、碧江区、万山区、江口县、玉屏侗族自治县、兴仁县、瓮安县和龙里县等 14 个贫困县实现脱贫。

贵州脱贫攻坚取得的成绩是全国脱贫攻坚工作的缩影,充分体现了社会主义集中力量办大事的制度优势。当前,贵州正处于决战脱贫攻坚、决胜同步小康的关键时期,正处于大有可为、大有作为的伟大时代。2018 年 11 月 28 日至 30 日,贵州省委书记、省人大常委会主任孙志刚在黔南布依族苗族自治州(以下简称黔南州)荔波县、独山县、平塘县调研时强调,全省上下要始终坚持目标不变、靶心不散、频道不换、尽锐出战、务求精准,坚决打好"四场硬仗";要始终坚持以脱贫攻坚统揽经济社会发展全局,振奋精神、奋发有为,深入推进农村产业革命,坚决打赢脱贫攻坚战。

(3)"校农结合"是实现区域性、可持续整体脱贫的重要动力

"十三五"时期是全面建成小康社会、实现第一个一百年奋斗目标的决胜阶段,也是打赢脱贫攻坚战的决胜阶段。当前,距 2020 年实现全部贫困人口稳定脱贫的时间已不多,脱贫攻坚进入全面冲刺、全面决战的关键时期;但贵州脱贫攻坚依然面临十分繁重的任务,仍然有 7541 个贫困村、372.2 万人口尚未脱贫。这些贫困村和贫困人口大多集中在地处边远、交通不便、产销困难的地区,区域性贫困问题尚未得到根本性解决。

教育扶贫是解决区域性整体脱贫的重要手段,增强可持续脱贫的重要动力。"在精准扶贫的过程中,教育扶贫具有基础性、先导性、全局性的作用"。[1] 近年来,国家通过"农校对接"组织实施教育扶贫,贵州也探索出了一种符合自身实际的"农校对接"新模式——"校农结合",有效推动了农村产业结构的调整和转型升级,促进了农民增收。自 2017 年年初"校农结合"在黔南民族师范学院诞生以来,"校农结合"的方式不断发展并迅速在全省推广。贵州省教育厅按照省委、省政府脱贫攻坚"夏秋攻势"和"春风行动令"的安排部署,深入推进"校农结合"工作。"校农结合"扶贫模式自产生到在

---

① 李桂华.教育扶贫的理论与实践探索 [J].长白学刊,2018 (4):129—132.

全省推广，对经济社会产生了积极影响，取得了较好的效果。2018年年底，省委书记、省人大常委会主任孙志刚在平塘县卡蒲毛南族乡"校农结合"扶贫示范点调研时强调，要认真总结"校农结合"经验，深入研究产销规律，建立更加长期、稳定的供销渠道。通过"校农结合"助推产业革命这个根本，帮助贫困地区和贫困人口切实提高产业发展水平和生产效率，进而夯实脱贫攻坚的基础和增强脱贫攻坚的可持续能力，这既是提高产业精准扶贫的新命题，也是实现贵州所有贫困地区和贫困人口按期脱贫的重点和难点。

（4）省委主要领导对贵州"校农结合"发出新号召，产生新期待

贵州是全国脱贫攻坚的主战场之一，习近平总书记对贵州脱贫攻坚寄予了厚望。2018年2月13日，贵州省委书记孙志刚批示："实践证明：校农结合符合贵州实际，一仗双赢，望扎实推进，扩大战果，取得更大实效。"2018年12月12日，孙志刚在贵州大学作脱贫攻坚形势政策报告时指出，广大师生要把个人的奋斗融入脱贫攻坚的时代大潮，在脱贫攻坚实践中增长才干、建功立业，实现新时代新作为。这是孙志刚对贵州"校农结合"的新号召、新期待。在脱贫攻坚的大背景下，贵州以"团结奋进、拼搏创新、苦干实干、后发赶超"的新时代贵州精神为指引，经济社会展现出前所未有的生机与活力，各行各业都主动积极地参与到脱贫攻坚的实践中。

在这一过程中，具有人才、技术、知识、市场等资源优势的大中小学、职业院校、幼儿园扮演了重要角色，起着不可替代的作用。在脱贫攻坚实践中创造的"校农结合"扶贫模式，已取得了较好效果。据不完全统计，仅2017年9月至2018年9月，全省学校食堂累计采购贵州贫困地区贫困户生产的农产品约35万吨，采购金额约21亿元，初步实现了学校后勤有保障和贫困群众有增收的目标。贵州"校农结合"助力精准脱贫的做法得到了教育部、中央权威媒体以及其他省份的广泛关注。

2. 研究意义

贵州能否打赢脱贫攻坚战，不仅关系到贵州人民能否实现同步小康，也直接影响全国人民全面小康的实现。近年来，贵州坚决贯彻落实党中央的决策部署，把脱贫攻坚作为头等大事和第一民生工程，以脱贫攻坚统揽经济社会发展全局，深入推进大扶贫战略行动，确保按时打赢脱贫攻坚战。2017年9月，"校农结合"模式已在全省推广。"校农结合"模式自提出到在全省推广，只经历了短短半年时间，对贵州脱贫攻坚及产业革命产生了积极影响，取得了较好

的效果。实践证明,"校农结合"具有旺盛的生命力和广阔的发展前景,研究意义重大。2018年贵州省脱贫攻坚"春风行动令"明确提出:"继续强化农产品定向直通直供直销,机关、学校、医院、企事业单位食堂必须定向采购贫困村农产品,每个贫困村都要有1个以上农产品定向直通渠道;全力推进'校农结合',全省学校食堂向贫困地区贫困户采购农产品数量达到学校食堂采购总量的40%以上。""校农结合"的全面推行,在实践与理论方面亟待总结和突破。

(1)"校农结合"是助推脱贫攻坚的有效模式

在精准脱贫大背景下,"校农结合"可以融入"农校对接"创建的精准扶贫示范窗口服务平台,同时,"校农结合"关于产业培扶、基地建设、资源整合等方面帮扶农业产业发展的经验可作为"农校对接"的借鉴。[①] 当前,贫困问题依然是贵州经济社会发展中最突出的"短板"。到2020年,贵州能否采取超常规措施抓好产业扶贫这个根本,按期实现所有贫困地区和贫困人口脱贫,直接关系到贵州小康社会能否全面建成。按照省委、省政府"2018年脱贫攻坚春风行动令""坚决打好农业产业结构调整攻坚战""100%农民专业合作社实现技术团队全覆盖""产业规划和项目到村到户到人""利益联结机制到村到户到人""产销衔接到村到户到人""专家技术服务团队到村到户到人"的具体要求和部署,各所学校在产业结构调整、技术团队组建、产业项目规划、产销衔接、创新方式方法、深入开展"志智双扶"等方面,无论在实践上还是在理论上都具有独到的优势。

产业扶贫是新阶段脱贫攻坚的动力支撑,是促进贵州贫困山区农民可持续脱贫的关键。当前,贵州产业扶贫面临资金不足、产业培扶作用发挥不明显、脱贫攻坚的产业支撑可持续性不强等问题,2020年贵州能否按期脱贫,归根结底在于能否用好、做实产业扶贫这一关键政策。虽然国内关于产业扶贫的研究成果十分丰硕,但主要集中在旅游扶贫、电商扶贫、金融扶贫等方面,基于"校农结合"的研究还较少,无论是数量、深度还是方法上都有待加强。同时,贵州省"校农结合"政策的出台和实践,既缺乏可参照的国际经验与理论,也无法参照中西部内陆地区或东部地区的相关理论与实践。因此,在不同的发展阶段,"校农结合"有什么新特点,其成因和演进趋势需要我们进行科学的预

---

① 陈治松. 贵州"校农结合"与全国"农校对接"精准扶贫比较研究〔J〕.黔南民族师范学院学报,2018(5):88—93.

测和比较；不同类型的学校，"校农结合"模式是否应该有所区别，需要及时总结和归纳。此外，针对贵州省"校农结合"发展的特殊性进行实践总结和理论研究，不仅对贵州脱贫攻坚具有重要意义，而且对西部地区发展也具有重要的参考价值，这是一个兼具社会实践价值和学术探索价值的研究命题。

要打好攻坚脱贫硬仗，产业扶贫是难中之难。有没有产业支撑，直接关系到最终脱贫效果的好坏。2018年3月8日，贵州省委书记、省人大常委会主任孙志刚指出："按老办法解决不了贵州脱贫攻坚的一系列问题，必须采取超常规、革命性的手段。""推进农业供给侧结构性改革，调整农村产业结构时间非常紧迫、任务非常艰巨，没有超常规举措很难实现。"基于对工作的紧迫性、艰巨性、系统性的思考，贵州提出来一场振兴农村经济的深刻的产业革命。即通过农村经济发展观念、发展方式的变革，发展壮大一批竞争力强的农业企业，培育造就一支庞大的、创新力强的职业农民队伍，让一批绿色优质农产品走出大山，让贵州农民尽快富起来。"校农结合"通过产销对接，以稳定的市场需求引导生产，以人才、技术支撑为保障，带动了农村产业结构调整，让农民吃下"定心丸"，为农村产业革命注入了持久的动力。

（2）"校农结合"是助力脱贫攻坚的重大创新，具有重要现实意义

"校农结合"是贵州省委、省政府适时提出的推动贵州产业脱贫、乡村振兴和农业供给侧结构改革的创新举措。"校农结合"是产销对接机制的创新，也是计划生产、便捷流通、订单购销的统筹协调。据统计，贵州目前有各级各类学校食堂1.7万多个，每天就餐学生500多万人，每月消费农产品金额超过10亿元。"校农结合"新举措的出台，将需求引导与产业培扶相结合，按照"学校需要什么就组织生产什么"来引导产业结构调整，不仅可以合理引导贫困地区贫困户发展产业，吸引进城务工农民返乡就业，增加贫困群众收入；而且有助于深化农业供给侧改革，解决农村产业单一、产业结构趋同和第二三产业发展滞后等问题，优化农业产业结构。此外，"校农结合"以巨大的学校食堂需求拉动了农产品市场供给，带动了贫困群众增收致富，有助于充分发挥学校的人才、技术等智力资源优势。通过技能培训、技术指导等途径激发贫困群众的内生动力，引导贫困户"立志、强智"，从根本上治穷治愚。因此，进一步挖掘、拓展"校农结合"的内涵，及时总结"校农结合"的典型经验和经典模式，对助推贵州省脱贫攻坚和农村产业兴旺具有重大现实意义。

（3）"校农结合"助推贵州教育振兴，促进教育强省

"校农结合"将智力资源引入贵州脱贫攻坚第一线，不仅凸显了新时代贵州教育服务社会的示范引领作用，而且有助于倒逼大中专院校进一步明确自身办学特色，更好地实现国家、省内"双一流"建设目标。通过"校农结合"实践实训基地、科技成果转化基地建设，使教育更"接地气"，育人更"服水土"。同时，"校农结合"还有助于提高科研成果转化率，加快形成产学研一体化的办学机制，切实增强科研成果在地方经济社会发展中的贡献作用。因此，及时总结、深化"校农结合"理论和实践研究，在助推贵州脱贫攻坚及产业革命的同时，也有助于更好地促进贵州教育振兴，凸显贵州"教育服务社会"的示范引领作用。

"校农结合"是贵州扶贫模式的重大理论创新与实践创新，为扶贫脱贫注入了新动力。"校农结合"依托学校食堂对农产品的稳定需求，带动促进农产品的生产，推动农村供给侧结构性改革调整，促进资源要素有效整合，有利于促进农业产业化发展，推动农业产业结构优化升级，激发贫困户内生动力，推进乡村振兴，促进城乡融合，提高城乡一体化水平；"校农结合"是在国家精准扶贫大背景下出现的一种创新型扶贫新模式，高校可以利用其人力资源与技术资源，下乡为农民提供智力扶持，为其提供技术培训、技术指导，引导农民因地制宜、科学发展农业产业，加上学校食堂对农产品需求量大的优势，农产品直销渠道为学校更好更充分发挥服务地方经济的作用提供了平台。"校农结合"让高校平台得到有效利用，科研成果得到有效转化，智力优势得到发挥，教育教学更加接"地气"，有利于促进高校转型发展，助推贵州教育振兴，促进教育强省的建设。

（4）"校农结合"是实现可持续脱贫的重要动力

扶贫开发是中国特色社会主义本质特征的重要体现，是最重要的民生工程。脱贫攻坚事关党的执政基础，事关国家长治久安，事关我国全面小康社会的建成。实现脱贫攻坚，有利于消除贫困、改善民生、缩小贫富差距、缓解社会矛盾、促进政治稳定、推动经济发展、加快我国全面建成小康社会的步伐、提高我国人民生活水平、构建社会主义和谐社会、实现共同富裕和社会主义现代化。实现脱贫攻坚，有利于扩大消费需求，有助于消化过剩产能，吸引外来投资，促进产业升级；可以使贫困地区的自然资源与劳动力得到充分利用，促进贫困地区经济社会发展，有效缩小区域发展差距，改善贫困群众生产生活条件，形成新的经济增长点、增长极、增长带，增强经济发展动力。

降低、消除贫困人口"返贫"的风险，巩固和增强农民可持续脱贫的基础，真正解决脱贫问题，不断缩小城乡差距，实现城乡一体化发展目标，关键在于找对方法。在脱贫攻坚战决定性的阶段，关键在于精准帮扶的进一步落实，通过教育精准扶贫阻断贫困代际转移、对已脱贫的贫困户继续追踪观察、遏制返贫现象的发生是脱贫攻坚的重要任务。"校农结合"为农村贫困人口实现脱贫、解决区域性整体贫困，为脱真贫、真脱贫注入持续动力，为农村贫困人口脱贫致富奔小康、实现农业农村现代化提供长期智力支持。

（5）"校农结合"是实现乡村振兴战略的"助推器"

实施乡村振兴战略，是党中央着眼党和国家事业全局、顺应亿万农民对美好生活的向往，对"三农"工作做出的重大决策部署，是决胜全面建成小康社会、全面建设社会主义现代化国家的重大历史任务，是新时代做好"三农"工作的总抓手。《乡村振兴战略规划（2018—2022年）》提出加强党对"三农"工作的领导，坚持稳中求进的工作总基调，牢固树立新发展理念，落实高质量发展的要求，坚持农业农村优先发展，按照产业兴旺、生态宜居、乡风文明、治理有效、生活富裕的总要求，建立健全城乡融合发展体制机制和政策体系，统筹推进农村经济建设、政治建设、文化建设、社会建设、生态文明建设和党的建设，加快推进乡村治理体系和治理能力现代化，加快推进农业农村现代化，走中国特色社会主义乡村振兴道路，让农业成为有奔头的产业，让农民成为有吸引力的职业，让农村成为安居乐业的美丽家园。"校农结合"把高校智力、人力优势转化为推动"三农"工作"助推器"，有效促进乡村产业发展、宜居生态建设、乡风文明开展、综合治理实施，最终实现富裕，推进乡村现代化建设。

（6）"校农结合"是解决当前现实困难和突出矛盾的需要

在脱贫攻坚工作中，不可否认，部分贫困群众中间出现了"等、靠、要"等内生动力不足问题，思想贫困、精神贫困已逐渐成为制约当前可持续脱贫的主要障碍。当前是脱贫攻坚的决胜阶段，正确认识和有效处理这些问题十分迫切。"校农结合"对解决扶贫过程中存在的贫困人口内生动力不足问题具有独特的优势。习近平总书记指出："让人民过上幸福美好的生活是我们的奋斗目标，全面建成小康社会一个民族、一个家庭、一个人都不能少。"在今后的扶贫工作中，我们应深入践行"校农结合"，充分发挥教育精准扶贫的功能和作用，坚决打好脱贫攻坚战。统计显示，贵州省各级各类学校食堂共有 17890 个（自营 16741 个，外包 1149 个），其中，高校食堂 195 个（自营 59 个，外包 136 个），就餐学生达 500 万人，约占全省常住人口的 1/6。全省学校食堂每月采购常用农产品包括大米、面粉、食用油、肉类及蔬菜等多个品种，每月需求量高达 10 万吨以上，价值超过 10 亿元。据初步估算，这一庞大而稳定的消费群体与贫困地区构建稳定的产销关系后，将覆盖并带动 100 万人口稳定增收、稳定脱贫。当前，"少了又不好卖，多了又卖不出去"的情况一直困扰着贫困农户，贫困农户中存在的一个突出问题是缺乏战胜贫困的信心和斗志。信心比黄金更重要，"校农结合"有效解决了贫困农户农产品的销路问题，增强了农户战胜贫困的信心和决心，有序引导着产业结构的调整。

（7）"校农结合"推动农村供给侧改革，推动了产业结构的调整

"农校对接精准扶贫是产业扶贫的创新。"[1] "校农结合"通过学校对农产品的需求，引导贫困农户进行产业结构调整，但学校对农产品的需求是有限的，应根据需求"选择"，农户要想分到"校农结合"的"红利"，就要调整生产结构，根据需求做到"有所为、有所不为"。学校虽提供几十种收购清单，但不是每一种都适合农民，乡村合作社应有意识地集中在 3~4 个重点品种上，这样既有利于技术培训、产业集中，也有利于"一村一品"的形成。以卡蒲毛南族乡亮寨村 2018 年种植结构调整为例，辣椒种植和养鸡在数量上较 2017 年年底分别减少 25% 和 12.5%，但其优势品种生猪、萝卜的养殖和种植，则分别大幅度增加了 173.73% 和 200% 的数量，一批"生猪村""萝卜组""辣椒寨"悄然形成。有选择、专业化的生产大大提高了贫困村的种植水平和质量。目前，卡蒲毛南族乡和黔南民族师范学院通过建立"校农结合"农产品配送中心，利用"互联网+"手段，正在探索线上和线下配送的新模式。

（8）"校农结合"是学校与"三农"的结合，推动了"三农"工作发展

黔南民族师范学院在实施"校农结合"过程中，强调"打组合拳"。2017 年 3 月，学校成立了由党委原书记邹联克任组长，相关分管领导、职能部门、二级学院负责人为成员的工作领导小组和工作专班，制定了科技服务、教育扶贫、产品对接、产业扶持、基地建设、干部驻村等"十二条"措施。2018 年 7

---

[1] 张志新，杨玉宇.农校对接精准扶贫实践探索与发展建议 [J].江苏大学学报（社会科学版），2018（2）：37－43.

月，学校与县委县政府成立"校农结合"领导小组，党政主要领导任组长，联合下发了《"校农结合"助推毛南族聚居村脱贫奔康实施方案》，将"校农结合"逐步扩展到有毛南族居住的 6 个乡镇 19 个毛南族村，帮扶单位也扩大到学校 17 个二级学院、职能部门和平塘县 30 多个直属部门，锁定 26 个一级目标，量化了 50 多个具体指标，确定了具体覆盖农户、完成时限、责任单位、具体实施人等。2018 年 3 月以来，学校与帮扶乡新建了 7 个规模养殖示范点，2 个百亩商品蔬菜种植示范基地。在"校农结合"区域，学校新建了 3 个产学研基地、一个综合检测实验室，启动乡村旅游规划，选派师生开设小学英语课，实施大数据脱贫动态监测评估，免费对乡村教师培训，进行了 10 多次2000 多人（次）参加的农村适用技术培训，引进新品种新技术，帮助毛南族申报古药专利，建设蔬菜冻链库，共建"校农结合"产业示范园区等。学校还选择 11 个不同类型的贫困户，安排 11 个二级学院进行对接，探索不同类型贫困农户脱贫办法，形成可复制的扶贫模式经验。"组合拳"推动了帮扶村快速发展，如新关村通组公路硬化率已达到 90%，自然村寨连户硬化率达到 98%，通电率达 100%，安全饮水率达 100%，自来水入户率 100%，可以说，农村面貌发生了较大改变。

（9）"校农结合"提高了农业生产要素的效益

"校农结合"推进过程中，学校除了发挥食堂需要大量农产品的优势，还重点发挥高校人才智力优势，积极帮助贫困村制订、完善规划和计划，再通过合理有效的规划和计划去整合、撬动各类各方面的资金。通过生猪产业规划，使新关村贫困农户获特惠贷 77 户、资金达 342.35 万元，摆卡村 47 户贫困户获特惠贷 214.5 万元。贵州省农委深入黔南民族师范学院专题调研"校农结合"，先期已资助 30 多万元用于农残检测室的建设。2018 年以来，通过"校农结合"，学校整合来自发改、扶贫、教育、农委、民宗等系统、部门、企业的资金 2897 万元，其中基础设施资金 1994 万元，产业资金 585 万元，村级集体资金 300 万元，并有效提高了各类资金的使用效益。

（10）"校农结合"助推脱贫攻坚和学校转型发展，实现"一仗双赢"

黔南民族师范学校在实施"校农结合"过程中，结合国家建设"双一流大学"目标，突出学校师范性、民族性、地方性、应用型"三性一型"办学特色，加大产业帮扶，加快科研成果转化，建立实践实训基地，使教育更加"接地气"，育人更加"服水土"，实现"共赢"目标。通过"校农结合"，帮扶毛

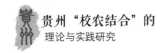

南族村寨建设产业发展基地；在毛南族村寨建设学生生产性实习实践基地，提高学生的实践动手能力；实现产教融合，推动应用型人才培养；建立科技成果转化基地，提高科研成果转化率，提高科研成果在地方经济社会发展中的贡献率。2018年5月，该校中国汉语言文学入选贵州省一流建设培育学科，教育学获批贵州省重点学科。在2018年本科教学水平审核评估工作中，教育部审核评估专家对黔南民族师范学院办学定位与培养目标、整体思路与培养模式、教学资源建设、课程和教材建设、学生发展、人才培养等方面工作给予了高度评价，对学校本科教学工作水平给予充分肯定。学校在人才培养、学科建设、服务社会经济发展等方面取得了长足的进步。

（二）国内外相关研究

1. 国外相关研究

西方发达国家在农业、农村发展方面有一些可供借鉴的经验。国外关于政府、企业、高校、协会助推"三农"发展有一些成功的案例，相关研究主要从政府的引导作用、政府的财政支持、高校的科技优势、农业协会的综合功能等方面展开研究。

（1）政府加大对农业发展的政策支持、不断推动农村发展立法工作

刘志明、郭霞、邓志军等人从政府通过政策和立法为农村科技服务推广提供保障角度对美国、日本、英国进行了研究。美国、日本通过颁布一系列法律法规相继建立和完善了农业科技推广体系和普及体系，从而在法律、制度和组织上为农村开发、农民教育与生活指导以及农业技术的推广普及奠定了基础。英国的农业技术推广立法规定在全国设立必要的推广机构，并明确规定了其任务、职能权限以及编制构成。

（2）发达国家农村科技支撑的特点

政府是农村经济社会发展的强大后盾，拥有健全和高效的农业科技推广体系，构建了运行良好的农民教育培训体系，建立健全了农民合作组织。完善科技推广服务体系，以"专家进大户，大户带农户"的技术推广方式，通过专业技术人员入户面授、现场讲解、示范指导、集中培训等形式，让农民在最短的时间内掌握先进的种植养殖实用技术。"强化新型农业生产经营主体在农业产

业资本形成、聚集、投入、优化方面的作用发挥，提升其辐射乡村发展、带动农户增收的能力。"① 发展农民教育，培养"有文化、懂技术、会经营"的新型农民。发展农民合作组织，提高农民的主体地位。发达国家农村科技支撑有八个共同点：一是有效的财政引导机制，二是有力的法律保障机制，三是健全的共建共享机制，四是灵活的市场调节机制，五是有力的联结服务机制，六是重视政府、企业、农协关系立法，七是政府对农业科技支撑力度较大，八是政府及社会组织十分重视对农民的技能培训。

（3）美国"三农"机制："教育—科研—推广"三立一体模式

美国实行以大学为中心的农业科技推广模式，政府从宏观上把握农业科技的发展方向，同时整合社会资源，形成"教育—科研—推广"三位一体模式。美国农业教育、科研和推广三者结合的"纽带"往往在各州立大学农学院。各州立大学农学院均设有农业科技推广中心，它们是美国农技推广工作的中级管理机构。此外，还设有农业试验站，主要对本地农业生产课题进行研究，解答农民生产应用中遇到的问题。

（4）日本农业协同组合的产业化模式

日本农协既是日本规模最大、群众基础最广泛的合作经济组织，又是由农民依法成立的，以相互协助、共同提高生活水平为目的的群众性组织。日本农协分为基层（市町村）、地方（都道府县）和中央（全国）三级组织。农协的工作包括：提供农业生产信息、农业生产资料和农业技术指导，统一销售农产品，提供农村金融服务，从事农村医疗保险、文教和各项社会福利事业。在整个产业化链条中，农户并不直接面对市场，而是由农协面对市场，形成一种"公司+农协+农户"的产业化模式。农协还非常重视农民教育和农业科学技术的普及与农业人才培养，建有完整的农业教育体系，国家设有农协中央学院，各地方共设有40多所农协大学及各种研修中心，这也是日本农协迅速发展的重要原因之一。

（5）以色列的做法：以政府农业部门为主体推广农业科技

以色列的农业科技推广模式为：推广体系由国家投资建立，以行政管理部

---

① 常瑞，金开会，李勇.深度贫困地区农业产业资本形成推动乡村振兴的路径探究——基于凉山州脱贫乡村产业发展视角［J］.西南金融，2019（1）：44－54.

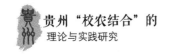

门为主导,研究机构、教育部门联合实施。推广体系隶属于政府农业部门,农业部门下属的推广局和推广站负责实施和管理全国的农业科技推广工作。机构设置主要是按照自然区划进行并实行垂直管理,经费基本上由国家财政支付。以色列政府每年的农业科研专项经费达上亿美元,约占全国农业产值的 3%。

(6) 英国的农民技术教育与培训经验

英国的农民技术教育与培训由农渔食品部农业培训局负责,辅以大批由社会、团体和个人兴办的业余农业学校及短训班,如农工夜校、农民夜校、农技训练班、农业青年培训学校等。英国目前基本形成了高、中、初三个教育层次相互衔接,学位证、毕业证、技术证等各种教育目标相互配合,正规教育与业余培训相互结合的农民教育培训体系,可以适应不同层次人员的学习需要。担任培训任务的教员与辅导员除了邀请农业学院的教师和研究机构、咨询部门的科技人员外,还聘请了在农业生产第一线工作的,具有丰富实践经验的人任教。为保证培训质量与效率,政府建立了严格的奖励与考核制度,学员经考核合格后可获得"国家职业资格证书"。1987 年,英国还设立了"国家培训奖",以奖励在技术培训工作中成绩突出的单位。

(7) 韩国农协生命库的经验

韩国农协成立于 1961 年,它是由农民出资建立的,代表农民利益的合作经济组织。农协分为中央农协和基层农协两级。省(道)市一级不设农协,只设中央农协的派出机构。基层农协以县(郡)乡(邑)农协为主,但并非每郡、每邑 1 个,而是 8~15 个邑由 1 个基层农协覆盖。韩国农协有四大职能:教育普及,农业技术推广,建立购销渠道,开拓国内外市场。同时,为成员农户提供教育培训与支持服务是该国《农协法》规定的农协责任与义务。农协从事各种各样的农业流通活动,包括集中、储存、包装以及各种产品的加工,农协还致力于降低成本和增加产品的附加值;农协也从事信贷、保险业务,向农民提供资金(主要由农协银行承担)。农协还充当了代言人:一是与政府对话的代言人,二是与社会对话的代言人,三是与国际市场对话的代言人。

2. 国内相关研究

(1)"校农结合"助推贵州脱贫攻坚研究现状

消除贫困,满足人民群众的基本生存和发展需求,是各国共同追求的目标。20 世纪 60 年代以来，扶贫开发理论研究大致经历了从"贫困文化理论""资源要素理论""人力素质贫困理论"到"系统贫困理论"的发展过程，这些研究从经济、文化、人力资本、社会政策的角度系统分析了贫困的成因，并从经济、文化、教育、结构调整等方面提出了相应的扶贫方式（谢君君，2012；孟照海，2016）。

2015 年 11 月 27—28 日，中央扶贫开发工作会议在北京召开。中共中央总书记、国家主席、中央军委主席习近平出席会议并发表重要讲话。他强调，消除贫困、改善民生、逐步实现共同富裕，是社会主义的本质要求，是我们党的重要使命。全面建成小康社会，是我们对全国人民的庄严承诺。脱贫攻坚战的冲锋号已经吹响。我们要立下愚公移山志，咬定目标、苦干实干，坚决打赢脱贫攻坚战，确保到 2020 年所有贫困地区和贫困人口一道迈入小康社会。

2017 年 10 月 18 日，习近平同志在十九大报告中指出，坚决打赢脱贫攻坚战。要动员全党全国全社会力量，坚持精准扶贫、精准脱贫，坚持中央统筹、省负总责、市县抓落实的工作机制，强化党政一把手负总责的责任制，坚持大扶贫格局，注重扶贫同扶志、扶智相结合，深入实施东西部扶贫协作，重点攻克深度贫困地区脱贫任务，确保到 2020 年我国现行标准下农村贫困人口实现脱贫，贫困县全部摘帽，解决区域性整体贫困，做到脱真贫、真脱贫。

教育精准扶贫作为精准扶贫的一种模式，属于"造血式"扶贫，它能有效提升贫困人口的人力资本和社会资本，是最有效、最直接的精准扶贫。[①] "校农结合"是教育扶贫的新举措，论及"校农结合"对脱贫攻坚的影响，必须从教育扶贫说起。教育作为国家扶贫攻坚的主要领域和重要手段，一直以来都吸引了学术界的普遍关注和重视。回溯文献我们发现，教育对贫困的影响一直是学界和政府关注的热点，但至今尚未形成定论。Behrman（1990）、Kurosaki 等（2001）、Tilak（2007）、李晓嘉（2015）、王嘉毅等（2016）、刘军豪等（2016）学者研究发现，教育是阻断贫困代际传递的关键举措，在精准扶贫、精准脱贫中具有基础性、先导性和持续性作用。然而，也有部分学者对教育扶贫的效果提出质疑。如 Wedgwood（2005）运用坦桑尼亚的有关数据和研究表明：加大教育投资对消除农村贫困没有明显效果。代蕊华等（2017）研究发现，教育扶贫能否达到预期效果，关键取决于思维理念、制度建设、扶贫方式以及社会力量参与等条件是否达标。

"校农结合"对脱贫攻坚的影响如何？虽然该模式的推广时间不长，但大

---

① 余应鸿.乡村振兴背景下教育精准扶贫面临的问题及其治理 [J]. 探索，2018（3）：170—177.

量的实践业已表明,"校农结合"能够显著促进贵州地区贫困问题的解决(沙艳,2018;陈治松,2018;王新伟、罗莎,2018),但其作用机制和模式存在差别。王新伟、罗莎(2018)、陈治松(2018)通过对贵州多地"校农结合"助推脱贫攻坚实践的比较研究,总结提炼出了黔西南布依族苗族自治州"贫困户+合作社+配送中心+学校"、安顺市西秀区"绿野芳田农户+合作社+购销平台+学校"、贵州民族大学"菜园子直通菜篮子"和黔南民族师范学院"定点采购、产业培扶、基地建设、示范引领"等多种帮扶模式,为更好地推进"校农结合"工作奠定了坚实的理论基础。

(2)"校农结合"助推贵州产业转型升级研究现状

20世纪60年代,舒尔茨指出教育能够显著促进经济增长。随后,丹尼森、罗默、卢卡斯、希克斯、汉诺谢克和沃斯曼、巴罗等人的研究进一步佐证了该观点。教育到底通过何种机制促进经济增长?诚然,教育助推产业结构转型升级,促进经济增长是一种有效的途径。

浏览文献我们发现,"校农结合"与产业结构转型升级表现出一种互动互为的关系。一方面,"校农结合"在产业结构转型升级中具有基础性和先导性作用。产业转型升级的本质是人的升级,即人的受教育水平和知识能力的升级。人才的高度决定产业的高度。产业结构的优化升级是以具有相应知识技能的劳动者群体为基础的。"校农结合"正是通过提高村民的知识技能,培养了一大批技能人才和致富能手,为产业优化升级创造了必要的前提。与此同时,通过将教育战线的人才资源引向农村,可以为农村产业发展提供智力支持(邹联克、陈世军,2018)。覃礼涛(2018)等人的研究也得出了类似的结论。另一方面,产业结构转型升级也有助于更好地促进"校农结合"工作。研究发现,产业结构转型升级必定会对大中专教育的学科结构、专业结构、学历结构等方面提出现实要求,进而推动教育改革(周鸣阳,2012;马廷奇,2013)。贵州"校农结合"实践表明,农村产业结构的转型升级,有助于更好地激发农民的内生动力,促进农民收入稳步提高,激发农民更加积极地投身"校农结合"工作(邹联克、陈世军,2018)。与此同时,农村产业结构转型升级也必然会给教育提供更多新的研究课题(陈治松,2018)。

3. 国内外研究评述

传统农区实施乡村振兴战略,使农业、农村、农民同步进入现代化进程,实现产业复兴、经济全面增长。① "校农结合"是新时代贵州省委、省政府推动产业脱贫和乡村振兴的战略部署，是农业供给侧结构改革和学校服务地方经济建设的创新举措，是促进农民增收、农业产业发展和产业转型升级，保障学校后勤优质农产品供应和教育服务地方职能发挥的"一仗双赢"有效抓手（邹联克，2018）。回溯文献我们发现，目前理论上和实践上对"校农结合"的研究仍处于起步阶段，以"校农结合"为关键词在知网（CNKI）检索发现，相关研究文献仅18条，以"农校对接"为关键词在知网检索，相关研究文献仅87条。由此可见，目前学术界对"校农结合"的研究尚处于拓荒阶段。为了更好地推进贵州"校农结合"工作，厘清"校农结合"的内涵，对"校农结合"助推脱贫攻坚及产业革命的功能及作用进行研究，意义非凡。

"校农结合"与产业结构转型升级之间表现为一种互动互为的关系，即"校农结合"有助于产业结构转型升级，同时产业结构转型升级又会倒推教育改革，并对"校农结合"提出更高要求。因此，连通"校农结合"与产业转型升级之间的体制机制，充分发挥"校农结合"与产业革命之间的互相促进作用，对于促进贵州经济高质量发展意义非凡。"校农结合"助推贵州脱贫攻坚的效果已初步显现，但理论研究和帮扶模式尚处于不断探索和创新的过程中。未来，有待进一步加强"校农结合"助推脱贫攻坚的理论研究工作，更好地指导"校农结合"实践不断走向纵深。

（三）课题研究方法

1. 实地调查法与规范分析法相结合

本书对贵州"校农结合"助推脱贫攻坚及产业革命的理论与实践实际运作情况进行了分析，对乡村振兴战略进行了细致性认知。将"校农结合"助推脱贫攻坚及产业革命的具体实践，相关的政策文件、制度机制、制度效率纳入规范分析范围，有效保障建议的科学性。

在课题研究过程中，我们通过《贵州"校农结合"助推脱贫攻坚及产业转型升级的调查问卷》（学校、村民、中间组织），对贵州"校农结合"工作进行摸底。其中，学校卷又分为大学和中小学卷；村民卷主要涉及"校农结合"村概况、农业生产和收入状况；中间组织卷主要是针对连接学校和农村的中间企

---

① 史开放.传统农区实施乡村振兴战略的路径研究［J］.粮食科技与经济，2018（10）：81-84.

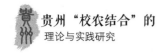
业的调查，包括物流企业、合作社等。此次问卷调查主要采用随机抽样调查和访谈法进行，前后历时近2个月，共走访乡镇15个、企业15家、学校50余所，共发放并收回有效问卷1000余份，召开座谈会10余次，访谈校长、农民、企业家及政府负责人200余人次，收集各种文字、表格资料500余份。

2. 归纳法、比较法、演绎法相结合

本书对贵州"校农结合"的理论与实践研究包括对象类型化、阶段类型化归纳比较研究等方面，还有改革路径的横向比较和不同历史时期的纵向比较研究。在归纳法和比较法的基础上，运用演绎法进行推理，得出贵州"校农结合"理论与实践研究的规律性元素。

3. 文献研究法与历史研究法相结合

贵州"校农结合"理论与实践的历史演进过程是特定时空中政治、经济、文化结合的产物，研究时必须坚持历史与现实、实践与认识的统一。文献研究法与历史研究法二者结合有利于发掘事实证据、准确理解现在和清晰地描绘未来。

4. 定量研究与定性研究相结合

调研结束后，我们借助ArcGIS、Stata、MATLAB、SPSS等数据处理软件，采用定量研究与定性研究相结合的方法，首先对问卷调查所收集的资料进行定量研究，其次结合访谈资料及现场观察笔记进行定性分析，客观呈现"校农结合"助推脱贫攻坚及产业革命的现状、经验及成效，精准提炼"校农结合"助推脱贫攻坚及产业革命的问题，并据此提出行之有效的对策建议。

（四）"校农结合"、脱贫攻坚、产业革命的含义及相互关系

1. "校农结合"的含义及外延

"校农结合"通过产销对接，以稳定的市场需求引导生产，以人才、技术支撑为保障，带动了农村产业结构调整，让农民吃了"定心丸"，为农村产业革命注入了持久的动力。"校农结合"最早起源于黔南民族师范学院的精准扶贫经验，主要指通过食堂向定点帮扶困村收购农产品，并利用高校资源优势

及平台，与地方政府、社会各方面联动合作，帮助贫困农村调整农产品生产结构助推脱贫（陈治松，2018）。换言之，早期的"校"指的是"学校食堂"，"农"指的是"农产品"，"结合"是指"学校食堂"与"农产品"的有效对接。而后，随着"校农结合"被贵州省委、省政府充分肯定并在全省推广，人们对"校农结合"内涵的理解也更加深入，"校农结合"的范围也逐渐扩大。如今的"校"指的是学校，包括从幼儿园、小学、初中、高中、职业学校到高校在内的全省各级各类学校；"农"指的是"农产品""农民""农村"和"农业"，特别是贫困地区贫困户；"结合"指的是"学校"与"贫困户"之间的有效对接、有机结合。因此，"校农结合"即以学校食堂对农产品的需求为依托，通过购买农产品，有效引导贫困地区农民主动调整农产品生产计划与结构，实现产销精准对接、校农互利共赢的学校教育与农村生产的有机结合（邹联克，2018）。

2017年，《贵州省人民政府办公厅关于创新农产品产销对接机制提高产业扶贫精准度和实效性的意见》（黔府办发〔2017〕21号）出台，提出由政府主导，推动农产品产销对接机制创新，在农产品市场需求与贫困地区贫困人口生产之间构建便捷、畅通、高效、稳定的产销流通渠道，将农产品市场需求有效传导到贫困村贫困人口，尤其是各级各类公立学校（幼儿园）、公立医院、机关事业单位、驻黔军警单位、国有企业等公共机构。食堂对常用农产品的稳定需求要定向传导给贫困村贫困人口，带动贫困人口生产发展，进而实现持续增收、稳定脱贫。在省委、省政府意见的指导下，贵州省教育厅积极调整工作思路，找准教育脱贫切入点，大力推进"校农结合"，将学校农产品需求导向与农村产业调整精准对接，推动产业脱贫，实现多赢，开辟了教育扶贫的新路子。因此，"校农结合"是指通过产销精准对接促进产业结构深度调整，充分发挥学校人才、技术、知识、市场等资源优势助推乡村振兴，以增强农民内生发展动力、促进农民可持续脱贫及实现学校教育科研发展大转型和教育强省为最终目标的一种互利共赢的精准扶贫模式。

2. 脱贫攻坚的含义

消除贫困、改善民生、逐步实现共同富裕，是社会主义的本质要求，是中国共产党的重要使命。全面建成小康社会，是中国共产党对中国人民的庄严承诺。到2020年我国要稳定实现农村贫困人口不愁吃、不愁穿，农村贫困人口义务教育、基本医疗、住房安全有保障的目标；同时实现贫困地区农民人均可支配收入增长幅度高于全国平均水平的目标、基本公共服务主要领域指标接近全国平均水平。脱贫攻坚已经到了啃硬骨头、攻坚拔寨的冲刺阶段，必须以更

大的决心、更明确的思路、更精准的举措、超常规的力度，众志成城实现脱贫攻坚目标，决不能落下一个贫困地区、一个贫困群众。因此，脱贫攻坚是指以提高贫困地区农民人均可支配收入和基本公共服务水平为具体目标，以完成贫困人口两不愁、三保障为具体内容，最终实现消除贫困、改善民生、实现共同富裕的扶贫任务。

3. 产业革命的含义

产业革命，一般是指由于科学技术上的重大突破，国民经济的产业结构发生的重大变化，进而使经济、社会等各方面出现崭新面貌的活动。一般而言，产业革命是指由技术革命推动的、新产业模式取代旧产业模式的活动和过程，它不仅带来了生产效率的极大提高，引起了生产方式和经济结构的巨大变化，还使人类的生活方式和消费方式发生了巨大变化。从历史上看，产业革命一般具有以下特点：一是有科学技术的革命性突破，有新技术群的产生；二是有紧迫和现实的重大需求；三是对经济社会发展带来重大变化，包括引发生产方式、产业结构、人们生活方式的改变。

贵州省委书记、省人大常委会主任孙志刚强调推进农业供给侧结构性改革，调整农村产业结构时间非常紧迫、任务非常艰巨，没有超常规举措很难实现。基于这种紧迫性、艰巨性、系统性，贵州提出来一场振兴农村经济的深刻的产业革命，即通过转变思想观念、转变发展方式、转变作风的变革，发展壮大一批竞争力强的农业企业，培育造就一支庞大的创新力强的职业农民队伍，以解放和发展农村生产力。

4. 教育转型的含义

教育转型是指教育内部结构及其存在形式所发生的方向性、整体性、根本性的变革。当代中国教育转型是一种双重转型。在时空上，从农业社会到工业社会的教育转型与从工业社会到信息社会的教育转型并存；在形态上，从依附性教育到个人主体教育的转型与从个人主体教育到群体教育的转型并存；在性质上，从古代教育到现代教育的转型与从现代教育到当代教育转型并存。

中国目前的教育要不要转型？答案是肯定的。从我国古代的科举制度到今天的中考、高考、考研、考博等都属于应试教育考试。应试教育是一种以应付升学考试为目的的教育思想和教育行为。这种应试教育方式能沿用至今，说明有很多可取之处，但是这种教育制度也普遍存在一些弊端。这种教育制度模式以学生考试分数的高低来评价学生能力水平的高低，用升学率的高低来检验学校教育质量的高低、教师工作业绩的好坏、学生学业水平的高低，而忽略学生综合素质，存在重智育、轻素质的倾向，还忽视思想政治教育，不重视人格素质、精神素质等非智力因素的培养，以片面追求升学率为主要特征。目前，我国正处于教育转型期，即由应试教育向素质教育转型的时期。

5. "校农结合"、脱贫攻坚、产业革命的关系

就"校农结合"、脱贫攻坚、产业革命在贵州发生的先后顺序而言，首先是脱贫攻坚，其次是"校农结合"，最后是产业革命（参见图1-1）。整体来看，"校农结合"、产业革命产生于脱贫攻坚实践又服务于脱贫攻坚，"校农结合"通过助推产业革命为脱贫攻坚提供了持久的动力。产业革命与脱贫攻坚的社会实践倒推"校农结合"不断向纵深发展，促进教育改革与教育转型。教育转型培养出更多的创新型人才，又为"校农结合"、脱贫攻坚、产业革命的更好发展注入了鲜活的动力。

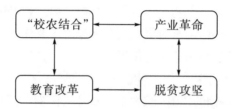

图1-1 "校农结合"、脱贫攻坚、产业革命的关系

二、本课题研究的理论基础

（一）马克思主义内外因辩证原理

内因是事物的内部矛盾，是事物变化的依据。外因是事物变化的条件，是事物的外部矛盾，它通过内因起作用。内因与外因即一个事物与其他事物之间的相互影响和相互作用。内因和外因的基本关系是：第一，内因规定了事物发展的基本趋势和方向，是事物发展变化的根据；第二，外因是事物发展变化不可缺少的条件，有时外因甚至对事物的发展起着重要作用；第三，外因的作用无论多大，都必须通过内因才能起作用。

因此，我们在观察事物、分析问题时，必须坚持内外因相结合的观点，既要看到内因，充分重视内因的作用；又要看到外因，不忽视外因的作用。同时，二者缺一不可，对事物共同起作用，我们对内外因也要做"一分为二"的分析，反对割裂内外因之间的辩证关系。不能忽视内因在事物变化中的根本作用而一味强调外因的重要性或者只强调内因的决定作用而忽视外部条件在事物变化中的重要作用（参见图2-1）。

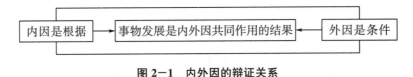

图2-1　内外因的辩证关系

（二）碰撞理论

碰撞理论的发展先后经历了物体碰撞理论、气体分子碰撞理论、化学反应碰撞理论三个阶段。

1. 物体碰撞理论

物体发生碰撞的前提是运动，而物体碰撞会导致物体运动状态发生变化。从空间因素看，物体碰撞可分为对心碰撞和非对心碰撞。从能量因素看，物体碰撞可分为弹性碰撞和非弹性碰撞。碰撞过程中机械能守恒为弹性碰撞，碰撞过程中机械能不守恒为非弹性碰撞。如果物体碰撞后黏合在一起或者运动速度完全相同，碰撞过程中碰撞系统的动能损失最大，这样的碰撞叫作完全非弹性碰撞。在弹性碰撞中，碰撞系统遵守动量守恒和机械能守恒定律。在非弹性碰撞中，碰撞系统依然遵守动量守恒定律，但在碰撞过程中碰撞系统的动能会转化为系统的内能等其他形式的能量，所以碰撞系统的机械能不再守恒；并且，完全非弹性碰撞中动能转化为内能等其他形式能量的量最大。这与内外因相互作用的原理是一致的。

2. 气体分子碰撞理论

分子运动是分子发生碰撞的前提，分子弹性碰撞是分子运动的重要特征之一，分子运动的特征又是物质宏观属性的微观实质。气体分子碰撞理论是分子运动理论的重要组成部分，它以"物体是由大量的分子组成的，分子在做永不停息的无规则运动，分子之间存在着引力和斥力"为前提，其主要内容包括以下三点。一是气体分子热运动可以看作在惯性支配下的自由运动。由于气体分子之间距离很大，而分子力的作用范围又很小，因此，除了分子与分子、分子与器壁相互碰撞的瞬间，气体分子间相互作用的分子力是极其微小的。又由于重力的作用一般可以被忽略，所以气体分子在相邻两次碰撞之间的运动可以看作在惯性支配下的自由运动。二是气体分子间碰撞是一种在分子力作用下的散射过程。当分子间的距离小于（$R_0 = 10^{-10}$ cm）时，分子间的相互作用表现为斥力，且这种斥力随着分子间距的进一步减小而急剧增大，在这种强大斥力的作用下，分子与分子又重新分开，这就是所谓的分子碰撞的物理过程。三是气体分子之间的碰撞遵守动量守恒和机械能守恒定律。由于气体分子之间的碰撞是"弹性碰撞"，碰撞过程必须遵守动量守恒和机械能守恒定律。

分子碰撞理论（collision theory）包括简单碰撞理论、硬球碰撞理论、有效碰撞理论。两个分子要发生反应就必须碰撞，但并非每一次碰撞都能发生反应，只有非常少的碰撞是有效的，且只有活化分子碰撞才有可能引起反应。简单碰撞指两个分子在内外部因素基本不变的情况下，在正常运动过程中轻微接触但未发生反应的现象；硬球碰撞指两个分子在内外部因素基本不变的情况下，在运动过程中的激烈接触但未发生反应的现象。

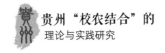

3. 有效碰撞

有效碰撞即分子在取向适合的条件下，具有足够的克服相互之间斥力的运动速度（即能量）而无限接近时能够发生反应的碰撞。具备足够的能量和相互碰撞、取向适合是有效碰撞的必要条件。首先，一组碰撞反应物的分子总能量必须具备一个最低的能量值，从能量分布原则看，用 E 表示这种能量限制，则具备 E 和 E 以上的分子组的分数为：$f = ê(-E/RT)$；其次，由于分子有构型，所以碰撞方向还会有所不同，只有取向适合的碰撞才会发生反应。如取向适合的次数占总碰撞次数的分数用 p 表示，若在单位时间内，单位体积中碰撞的总次数为 Z mol，则反应速率可表示为：$V = Zpf$，其中 p 被称为取向因子，f 被称为能量因子，或写成：$V = Zpfê(-E/RT)$。

4. 活化分子组与反应速率

在化学反应中，能量较高且有可能发生有效碰撞的分子称为活化分子。活化分子组是具备足够能量且碰撞后足以反应的反应物分子组。从公式 $V = Zpfê(-E/RT)$ 可以看出，分子组的能量要求越高，活化分子组的数量越少。这种能量要求被称为活化能。分子不断碰撞，能量不断转移、不断变化。由于反应物的内部因素及浓度、温度、压强、催化剂等因素不同，所以反应速率也不同。浓度与温度高、压强大和催化剂能够加快反应速率。

（三）认识与实践的辩证关系

实践在认识中的决定作用，具体体现在认识的辩证运动中。认识过程是在实践的基础上由感性认识能动地发展到理性认识，又由理性认识能动地指导实践，实践、认识、再实践、再认识，循环往复以至无穷的辩证运动过程（见图2-2）。这一认识过程说明，在实际工作中，要坚持党的群众路线，不断进行理论创新。

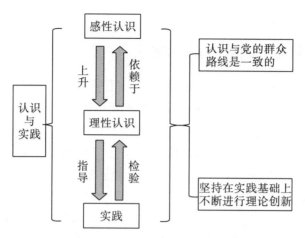

图2—2　认识与实践的辩证关系

（四）经典反贫困理论

1. 马克思主义反贫困理论

马克思、恩格斯立足于现实社会状况，通过对资本主义经济社会变动态势展开深度剖析，形成了马克思主义反贫困理论。

在《资本论》中，马克思以不同形式，从多个维度对英、法、美等国家的无产阶级贫困实况进行实证研究，认为资本主义私有制是无产阶级贫困产生的制度根源，必须从制度本身寻找反贫困的答案。他认为需要以资本的社会化消除贫困的制度化，通过"把资本变为公共的、属于社会全体成员的财产"，彻底消灭私有制和资本主义制度，方能为无产阶级摆脱贫困找到根本出路。

事实上，马克思、恩格斯是在绝对贫困和相对贫困两个层面进行考察的，生动展现了反贫困理论的辩证思维特质。从生产资料所有制的角度看，任何生产资料皆落入了资产阶级囊中，无产阶级仅拥有自身的劳动力，这种绝对贫困是能够让人切身感受，且它是客观实在的。从利润与劳动生产率的提高对工人的影响角度看，即使无产阶级的绝对生活水平不变，但与资产阶级进行对比，他们的相对工资和社会地位却呈现下降态势，所占社会财富比例也同步下降。通过对无产阶级贫困进行纵向和横向维度的动态分析，将反贫困的诉求上升到生存底线之上的范畴，也就体现了在绝对反贫困基础上更高层面的反贫困诉求。因此，绝对反贫困是相对反贫困的前提与基础，相对反贫困是对绝对反贫

困的拓展，二者的辩证关系深刻揭露了马克思主义反贫困理论的内在规律。

2. 阿玛蒂亚·森的能力贫困理论

1999 年，阿玛蒂亚·森出版了《以自由看待发展》一书，指出贫困是对基本可行能力的绝对剥夺，并提出了能力贫困理论。

阿玛蒂亚·森对可行能力进行了阐释。可行能力是指一个人有可能实现的、各种可能的功能性活动。因此可行能力是一种自由，是实现各种不同的生活方式的自由。这里的自由包括免受困苦饥饿、营养不良、可避免的疾病、过早死亡的基本可行能力以及能够识字算数、享受政治权利、能够在公共场合出现而不害羞并能参加社交活动等自由。一个人的可行能力是由这个人可以选择的那些可相互替代的功能性活动向量组成的，能力贫困是指人们在所列举的能力方面的缺失。

能力贫困理论不同于传统的贫困理论。传统的绝对贫困概念，其核心往往是"收入低下"。阿玛蒂亚·森认为尽管低收入与"能力"之间存在密切联系，但贫困的实质不是收入的低下，而是可行能力的贫困，因为影响真实贫困的因素很多，收入低下只是具有工具性意义上的重要性，而不是产生可行能力的唯一工具，因此传统贫困理论缺乏对贫困本质的关注。

衡量可行能力的标准是绝对的，尽管这些标准会因社会和时间的改变而改变。但是人们是否丧失某些可行能力是可以直接判断的，不用与社会其他人做比较之后再判断。如果某人因挨饿而被视为贫困，那么即使其他人比此人更饿也不能改变他贫困的事实，这就是阿玛蒂亚·森的绝对贫困理论，但是，他并没有完全否定相对贫困，他承认贫困具有相对性的一面，并且在对贫困的测量中体现出了这种相对性。

此外，收入不平等、性别歧视、医疗保健和公共教育等设施的匮乏、高生育率、高失业率乃至家庭内部收入分配不均、政府公共政策取向不明等因素都会严重弱化甚至剥夺人的可行能力，从而使人陷入贫困之中。当然在阿玛蒂亚·森看来，尽管能力是绝对的，但获取某些重要能力所需的商品、财力和收入却是相对的，而且这些重要能力不仅仅涉及基本生存需求方面，还包括遵守社会习俗、参与社会活动以及维护自尊等方面，这就是绝对贫困理论中存在的相对性。

3. 习近平精准扶贫重要论述

习近平总书记提出的精准扶贫重要论述是对马克思主义关于"共同富裕"

理论的继承，其产生和发展是在中国特色社会主义理论体系中进行的。精准扶贫的目的在于精准帮助贫困群体，让每一个贫困户都能找到适合自身的脱贫和致富路径，这不仅充分体现了"共同富裕"的理论原则，也是该原则的拓展和延伸。此外，精准扶贫政策也是适应我国全面建成小康社会的伟大目标、中国扶贫实践的客观规律以及中国扶贫攻坚的现实需要而提出的，对马克思主义反贫困理论做出了新贡献，成为新时期贫困治理和建设发展的思想武器、行动指南与重要遵循。

（1）精准扶贫的责任体系

精准扶贫是一项庞大而繁重的系统工程，必须明准责任，建立严密的责任体系，只有明确的任务、完善的机制、严格的考核，才能彻底解决贫困地区的扶贫和脱贫问题。习近平总书记认为，精准扶贫要按照中央统筹、省负总责、市县抓落实的工作机制，构建责任清晰、各负其责、合力攻坚的责任体系。其主要内容为：中央负责统筹制定脱贫攻坚大政方针、综合协调建设精准扶贫精准脱贫大数据平台；省级负责调整财政支出结构，建立扶贫资金增长机制，并加强对扶贫资金的管理使用；市级负责协调域内跨县扶贫项目；县级负责制订脱贫攻坚实施规划并指导乡、村组织实施贫困村、贫困人口建档立卡和退出工作；乡、村一级负责精准扶贫的具体实施。

（2）精准扶贫的工作体系

精准扶贫必须具备高效的工作流程设计，构建科学的工作流程机制。首先是目标识别要精准，其次是贫困治理以及动态管理要实事求是、因地制宜，再次是成效考核要准确，最后是成功脱贫与后续跟踪。这一系列的工作过程构成了科学完整且逻辑合理的精准扶贫工作体系。精准扶贫工作体系具体包括：贫困户的精准识别、贫困户的精准帮扶、贫困户的动态管理和贫困地区的精准考核。习近平总书记强调精准扶贫的工作体系要紧扣"精准"，建立"精准识别、精准脱贫的工作体系"。

（3）精准扶贫的政策体系

精准扶贫政策涉及农业产业发展政策、金融扶持政策、教育帮助政策、社会参与和救助等诸多领域的公共政策，目前已形成较为完整的精准扶贫政策体系。精准扶贫的政策体系主要包含了产业扶贫、转移就业扶贫、易地搬迁扶贫、教育扶贫和资产收益扶贫五个方面的精准政策以及完善贫困治理体制机制

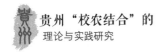
的政策措施。这些措施需要进一步完善，才能引导资源向贫困地区聚集。

（4）精准扶贫的投入体系

投入体系是精准扶贫的基础，新时代脱贫攻坚工作必须完善资金和人才投入方案，才能更好地保障脱贫攻坚工作的有效实施。习近平总书记提出要多渠道开辟扶贫资金，要"加大中央和省级财政扶贫投入，坚持政府投入在扶贫开发中的主体和主导作用，增加金融资金对扶贫开发的投放，吸引社会资金参与扶贫开发"。对于人力投入体系，习近平总书记很重视农村人力资源的开发，他多次提出"扶贫必扶智，治贫先治愚"的观点，贫困地区发展要靠内生动力，只有激发农村的内生动力，才能提高农村贫困地区的自我建设和可持续发展能力，进而从根本上脱贫。

（5）精准扶贫的帮扶体系

帮扶体系是关键，新时代的脱贫攻坚工作必须因地制宜、因村因户因人施策才能实现"精准帮扶"。习近平总书记创造性地提出了我国扶贫攻坚工作实施的精准扶贫方略，完善了精准帮扶机制，实现了扶贫措施的创新化、差异化和造血化，避免了扶贫方式只注重眼前实效而忽视长远发展的弊端，提出了"五个一批"的精准帮扶内容，构建了"专项扶贫、行业扶贫、社会扶贫等多方力量、多种举措有机结合和互为支撑"的大扶贫格局，创造了"对口帮扶""东西协作"等精准帮扶方式，从而形成了完善的"精准扶贫"帮扶体系。

（6）精准扶贫的社会动员体系

习近平总书记主张建立广泛参与、合力攻坚的社会动员体系。"精准扶贫"的社会动员体系要坚持政府引导、多元主体、群众参与的原则，要健全东西部协作、党政机关定点扶贫机制，广泛调动社会各界参与扶贫开发积极性。与此同时，还要吸收其他国家的成功经验，研究借鉴其他国家成功做法，创新我国慈善事业制度，动员全社会力量广泛参与扶贫事业，鼓励支持各类企业、社会组织、个人参与脱贫攻坚。引导社会扶贫重心下沉，促进帮扶资源向贫困村和贫困户流动，实现同精准扶贫的有效对接。

（7）精准扶贫的监督考核体系

监督考核体系是实现脱贫攻坚的保证，只有监督到位，考核评估严格，才能保证新时代脱贫攻坚工作的持续进行。为此，习近平总书记提出要建立严格的精准扶贫监督考核体系，其内容包含了四个方面。一是考核对象：省级党委和政府、贫困县党政领导班子和领导干部；二是考核内容：减贫成效、精准识别、精准帮扶和扶贫资金；三是考核方式：省级总结、第三方评估、数据汇总、综合评价和沟通反馈；四是脱贫攻坚督查巡查形式：主要采取召开座谈会、个别访谈、受理群众举报、随机暗访。

总的来说，以上这七大体系相辅相成，并构成了精准扶贫重要论述的整体。责任体系是前提，工作体系是根本，政策体系是基本，投入体系是基础，帮扶体系是关键。

（五）产业结构理论

1. 配第－克拉克产业结构理论

威廉·配第首次提出了三大产业结构演进规律，指出各国经济发展阶段与国民收入水平之所以存在差异，关键在于他们的产业结构不同。威廉·配第认为，服务业从业者收入比工业从业者收入高，而工业从业者收入比农业从业者收入高，这体现了服务业相比于工业、工业相比于农业产生了更大的经济价值。这个定理最早展现了经济和产业结构间的主要关系，由于时代的限制，威廉·配第未能研究出人均国民收入水平和产业结构变动的内在联系。

经济学家克拉克按照三大产业分类方法，研究了劳动力在不同产业部门之间的转移规律。他认为劳动力在不同产业间的分布状况是：第一产业劳动力比例一直减少，第二产业劳动力比例将不断增加，在达到一定条件时，第三产业的劳动力比例将不断增长。劳动力在三大产业之间流动的原因在于三大产业收入的不同。由于克拉克的研究仅仅是证实了威廉·配第的研究，所以该研究成果被叫作克拉克定律。美国经济学家库兹涅茨以人均国内生产总值为基础，研究了劳动力结构变化与总产值变化的关系，提出了产业结构变动的方向，证实了配第－克拉克定律。（参见图2-3）

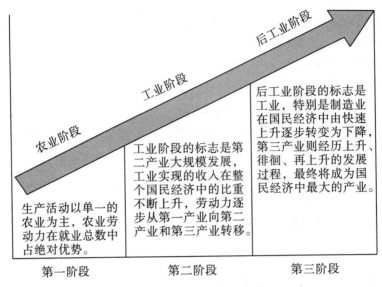

图 2—3　产业结构演变规律

2. 技术创新产业结构升级理论

英国学者凯特维尔和托兰惕诺第一次提出"技术创新产业升级理论",这一理论主要是对欠发达地区相对于发达地区对外投资速度增长现象的原因进行分析。从技术累积的角度出发,这一理论研究了欠发达地区对外投资的相关活动,并对对外直接投资的演变进程进行了阶段化分析。该理论主要解决了两个关键问题:第一,欠发达地区产业结构的升级优化,充分证明欠发达地区主要通过自己的努力,提高技术研发能力,进而促进企业逐步增强技术研发的实力。第二,欠发达地区企业技术的增强与其对外直接投资水平的增强表现出明显的正向关系。该地区现阶段的技术发展能力决定了该地区的生产活动状况,同时也对该地区的跨国公司对外直接投资形式产生影响。技术累积是对外直接投资能力提升的内生源动力,同时也是对外投资扩展的基础。随着技术累积量的发展,对外直接投资随着技术存量的扩大,能够促进对外直接投资的形式慢慢从能源依赖型向技术依赖型演进,与此同时,对外投资的产业形式也会得到升级优化。总的来说,对外直接投资的组成和地区技术进步有着密切关系。这一理论还对 20 世纪 90 年代发展中国家对外直接投资结构的变化路径进行了研究,结果显示:路径主要由发展中国家向发达国家演变,从技术含量低的产业向技术含量高的产业转变。

三、贵州"校农结合"实践成效及创新突破

（一）全国"农校对接"的产生与发展

2009 年 11 月，教育部办公厅、农业部办公厅、商务部办公厅〔2009〕8 号文要求高校食堂开展"农校对接"试点工作，即采购农产品。2010 年，中央一号文件提出发展农业会展经济，支持农产品营销，推进农超对接，重点支持农产品的生产基地与超市、企业、学校的产销对接，减少农产品的中间流通环节，降低流通成本。2010 年 11 月，"龙腾大地新飞跃，农校对接中国行"系列活动正式启动，这为深入开展"农校对接"工作起到了承上启下的作用。2012 年中央一号文件提出要创新农产品流通方式，形成稳定的农产品供求关系。2012 年 7 月，中国"农校对接"服务网电子商务平台上线运营。2013 年 10 月教育部发展规划司启动了"农校对接"课题研究。2015 年"农校对接"委员会通过定期开展沟通交流会、加强争取政府支持力度、组建专家委员信息组等方式加快推动"农校对接"项目发展。其中，中联集团搭建的中国"农校对接"服务网电子商务平台已具备金融服务、反向跟单、保障交易安全等多重高新技术优势，可满足不同地区的多样需求，有力支持了各地"农校对接"工作的顺利开展。2017 年成立的"中国校园团餐联盟"开启了对"农校对接"精准扶贫窗口工作的探索。根据国家发展战略部署，全国范围的"农校对接"工作开始探索走精准扶贫之路，北京师范大学设立了首个"农村对接精准扶贫窗口"，尝试将扶贫地区产品与高校对接，构建"农校对接"精准扶贫渠道。2018 年，教育部大力推进"农校对接"，成效显著。因此，"农校对接"经历了从服务地方经济到同时服务地方经济与精准扶贫的转变，"农校对接"在保障学校食品安全、推动绿色食品供应链创新和教育扶贫等领域发挥着越来越重要的作用。

（二）"校农结合"实践的基本情况

1. 省外高校助推脱贫攻坚实践

四川大学充分发挥学校综合优势，全方位参与四川省的脱贫攻坚工作，对口定点扶贫凉山州甘洛县、广安市岳池县，探索教育扶贫、人才扶贫、智力扶贫、科技扶贫、医疗扶贫等高校精准扶贫模式，为区域经济社会发展做出了贡献。四川农业大学在贫困县开展精准扶规、精准扶智、精准扶产、精准扶技的工作，在顶层设计、提升内生动力、实现持久脱贫、促进产业发展方面做了很多探索。

山西农业大学集全校之智，充分发挥学科优势、人才优势、技术优势，积极推进"政产学研用"协同创新，围绕脱贫攻坚，加快科技成果在贫困地区特别是深度贫困地区的转化，帮助他们提升内生动力，提高自我发展能力，为贫困县培养了一批"土专家""田秀才"和脱贫致富的"领头雁"。湖南工业大学通过党建扶贫、文化扶贫、智力扶贫、产业扶贫、设施扶贫等方式进行，扶贫成效明显。西北政法大学结合学校的学科特点和人才优势，开展"法治山阳"建设、教育扶贫、农村电商帮扶、农业技术指导帮扶、农村金融合作、共建产学研一体化示范基地等工作。中国农业大学在国家级贫困县山西省灵丘县、云南省临沧市镇康县等扶贫点深化校农合作，支持农村、农业、农民发展科学规划，找准地方发展潜力，确定发展方向；多种举措持续推进技术扶贫、产业扶贫、分类教育培训扶贫。新疆农业大学利用专业特色和技术优势进行技术扶贫、教育培训扶贫。西北农林科技大学依托学校资源，广泛开展产业扶贫、技术扶贫、智力支持、教育培训扶贫、大学生电商创业助脱贫等扶贫工作。

2. 贵州"校农结合"助推脱贫攻坚实践

贵州省现已发布首批 100 个高校服务农村产业革命科研项目，涉及种植业、农产品加工业等。这些项目将在全省推广落地，切实发挥高校科研力量，更好服务全省农村产业发展。通过"公司＋合作社＋农户""公司＋家庭农场""合作社＋农户"等产业化发展模式，与农户建立新型利益关系，提高当地农业产业技术水平，形成优势产业或延伸产业链，促进农业产业增效。目前，贵州各地各校结合实际积极探索和实践"校农结合"的创新经验与模式。

贵州"校农结合"先后形成了黔南民族师范学院"定点采购、产业培扶基

地建设、示范引领",黔西南布依族苗族自治州(以下简称黔西南州)"贫困户
+合作社+配送中心+学校"模式,安顺市西秀区"农户+合作社+绿野芳田
公司(购销平台)+学校"模式和贵州民族大学"菜园子直通菜篮子"等工作
模式。

　　要进一步发展和推广"农校对接"模式,必须强化政府政策扶持力度,建
立高校联合采购和区域联合供应的模式,完善"农校对接"服务和配套体系建
设。① 黔南民族师范学院结合定点帮扶平塘县卡蒲毛南族乡新关村、摆卡村,
建立了区域高校"校农结合"联盟,搭建统一配送平台,实行互补供给,并率
先在校内设立"校农结合"预约直销专柜,线上下单,线下配送。截至 2018
年,通过定点采购,已覆盖建档立卡贫困户 1300 户,惠及近 4000 人。

　　黔西南州通过实施"贫困户+合作社+配送中心+学校"工作模式,与大
量学校完成"校农对接"签约,主要覆盖黔西南贫困村贫困户,涉及多数农产
品建设基地和合作社,促进了当地物流平台的发展,为当地贫困群众提供了大
量就业平台和就业机会,由此减少了留守儿童和空巢老人的数量。

　　黔南民族师范学院 2017 年初开始了"校农结合"探索性实践,是一种高
校积极参与脱贫攻坚实践的新模式。"校农结合"从贫困农户的切身利益出发,
从贫困户最担心的"卖不出去"问题入手,通过直购农产品为贫困村找市场、
组织贫困户代表考察市场,赢得了老百姓的信任,消除了他们"卖不出去"的
顾虑。"校农结合"着眼于解决问题,学校成立"校农结合"专班,通过收购
引导产业发展、建基地做示范、推进标准化建设等措施,解决了一个个产业发
展难题。"校农结合"的长期(到 2020 年)采购合同让农户吃了"定心丸"。
学院后勤集团需求产品公告让沉寂的山村沸腾起来。"校农结合"通过教育培
训、科技服务、课题研究、成果转化、建立实习实践基地、资金扶持、农残检
测、测土配方、修建冷储库、建立实用技术培训中心、开办新时代农民讲习
所、建立民族地区乡村振兴战略研究中心等一系列配套制度,率先在贵州省开
创了"定点采购、产业培扶、基地建设、示范引领"的"校农结合"助推脱贫
最初模式。"校农结合"还可以向"医农结合""企农结合""超农结合"甚至
"N 农结合"转化,可以说,"校农结合"似星星之火,成效显著。"校农结
合"将"扶志"与"扶智"相结合,激发了贫困群众的内生动力,增强了贫困
群众战胜贫困的信心,又推动了科研成果转化和学院转型发展,达到了"一仗

---

① 孙峰,秦义."农校对接"模式的发展动因与阻碍因素[J].商业经济研究,2016(22):169-
170.

双赢"的效果。"校农结合"实行配额换订单的方式,建立地方高校联盟、"校企农结合"等多种运行模式并举降低物流成本,让更多学校参与、更多农户受益。"校农结合""十大工程"推出了一批服务"三农"科研成果,对接了一批服务"三农"产业项目,建立了一批"三农"合作基地,打造了一支服务"三农"的智力团队,开启了一场振兴农村经济的深刻的产业革命,贡献了"黔南师院智慧"和"黔南师院方案"。

3. "校农结合"模式不断丰富、不断创新

黔西南州贞丰县是贵州省 66 个贫困县之一,全县贫困发生率达 9%。贵州大学充分发挥学、智、力、人才优势,创建了"校农结合农产品直销点",并通过技术扶贫、产业扶贫、生态扶贫、教育扶贫、文化扶贫等模式推进"校农结合"。

贵州师范大学充分发挥学科专业和教育科技人才优势,在实践中总结出了"4C""校农结合"扶贫工作模式,第一个"C"是 Canteen,指高校食堂,第二个"C"是 Cooperatives,指农民专业合作社,第三个"C"是 Corporate,指扶贫企业,第四个"C"是 Coupon,指高校食堂提供给扶贫企业或农民专业合作社的订单。贵州师范大学通过"4C"建立了"高校食堂+政府扶贫平台+扶贫基地(扶贫企业/合作社)+订单"的"校农联动"模式,通过科技扶贫与产学研相结合的手段,开展教育帮扶、技术扶贫、产业扶贫、生态扶贫、党建扶贫等"校农结合"工作。

贵州民族大学提出"菜园子直通菜篮子",并推出了包含"专项规划、专项培训、专项扶智、专项助学、专项助困"5 大专项行动的"校农结合"模式。

遵义医学院采取"农校对接"模式,依托帮扶点正安县新州镇向家坝千亩蔬菜种植基地,签订订单式合同、对口供给、常年销售。遵义医学院在新州镇龙岗村设立肉兔养殖基地,通过订单供养实验用兔带动当地百姓精准脱贫。同时,遵义医学院还利用自身在医疗领域的优势资源开展医疗和教育扶贫。

遵义师范学院实行了"学院订单采购+公司供给经营+贫困户种植养殖"的"农校对接"供销合作模式。农民生产的绿色蔬菜、瓜果、肉、蛋等土特产品,通过一家电子商务有限公司直接收购,然后直供遵义师范学院后勤管理处,形成订单式生产供给。

凯里学院与台江县签订了"校农合作"框架协议,分别与台拱蛋鸡养殖场、排羊生态米加工厂签订了农产品供销合作协议,实行校农对接。

有效的产销衔接机制和稳定的销售渠道是产业扶贫取得实效的关键。省教育厅通过抓好"产销衔接",深化"校农结合",组织全省学校食堂购买贫困地区农产品,有效引导贫困户主动调整种植养殖结构,实现产销精准对接、校农互利共赢,有力地助推精准脱贫。如黔西南州积极探索"贫困户+合作社+配送中心+学校"供给模式,截至 2018 年已有 1104 所实施营养改善计划的学校完成了校农对接签约,签约比例达到 95%,覆盖贫困户 3.2 万多户、12 万余人,涉及 105 个基地、287 个合作社,全州配送中心和基地为当地 4600 余名贫困群众提供返乡就近就业机会,减少留守儿童 3800 余名。

2017 年以来,省教育厅把"校农结合"作为教育部门实施精准扶贫的有力抓手,组织全省学校后勤部门与贫困县、贫困户精准对接,帮助贫困地区农产品搭建稳定的销售渠道,用心、用力、用情支持贫困地区发展产业,帮助贫困群众增加收入,以实际行动助力全省打好打赢脱贫攻坚战。贵州"校农结合"助力精准脱贫的做法得到了教育部、中央权威媒体以及有关省份的广泛关注。

4. 省教育厅组织实施保障有力

教育厅着力整合资源解决产销衔接问题,打通农产品从千家万户到学校餐桌的流通渠道,实现生产、流通、储藏、检疫等多个环节一体推动。省供销社与绿通公司合作,集团化推进"校农结合"工作,探索形成"流通公司+种植基地+贫困农户"的产销对接模式。为了建立和完善产销对接机制,顺利实施"校农结合",省教育厅与省农委等多部门协同合作,以学校对农产品的需求为导向,引导农民种植,帮助农民销售农产品,让农民不愁农产品销路。同时,学校和农户的利益都能得到保障。

2018 年 3 月,贵州省重点在铜仁市、黔西南州、贵阳市、清镇市和黔南州,针对学前教育、义务教育、高中教育、职业教育和高等教育 5 个学段开展"校农结合"集团化推进试点。目前,相对应的 5 个集团化试点已经全面启动,每月向贫困地区贫困户采购农产品 6000 吨以上。同时,贵州大学等高校纷纷在学校设立"校农结合"农产品直供窗口,销售来自贵州省贫困地区生产的绿色天然农产品,得到学校师生的一致好评。

2018 年 5 月,贵州省教育精准脱贫"1+N"计划开始实施。"1"是以"校农结合"作为教育脱贫的突破点,以学校对农产品的需求为导向,有效引导农户对农产品生产结构进行调整,实现精准脱贫、互利共赢。"N"是指通过实施多项教育精准脱贫计划,充分解决教育发展不充分不平衡的问题。如开

展学生精准资助、教育对口帮扶、高校服务农村产业革命、教育信息化深化应用等一系列举措。

5. 各地各高校积极推进"校农结合"

为响应脱贫攻坚春风行动令的号召,安顺市西秀区积极促进学生营养改善计划,实现贫困户与学校的对接,探索出了"农户＋合作社＋绿野芳田公司(购销平台)＋学校"的"校农结合"新模式。该模是以贵州省绿野芳田有限公司为龙头企业,通过公司与合作社、贫困户之间建立合作关系,产销衔接机制保障到每家每户,扩大了种植养殖基地、合作社的发展规模。营养午餐食材配送已经覆盖了全区 147 所中小学、152 所幼儿园,共计 299 所中小学和幼儿园,惠及中小学生、幼儿 10 万余人,绿野芳田有限公司与西秀区内 160 家合作社签下了生产订单,流转土地 15 万亩,种植蔬菜品种 29 个,带动 4171 户贫困户共 7483 人实现户年均增收 1 万元以上。

黔南民族师范学院为了加快贫困村产业结构的调整,在贫困村先后建立了7 个规模养殖示范点、2 个规模商品蔬菜基地、3 个产学研基地、3 个配送站以及农残检测点、测土配方点、冷储库等一系列配套设施,面对农户农产品滞销问题,黔南民族师范学院与贫困户签订购销合同,定时定点向贫困户采购农产品。2017 年黔南民族师范学院食堂直接采购农产品 40 批次,合计 39.7 万多元。"校农结合"由"校＋农"发展成"企＋农""医＋农""机关＋农""N＋农"等多种模式。黔南民族师范学院与黔南地区的多所高校共同和绿通公司合作建立"校农结合高校集团",增加了对农产品的需求量,有效解决了农产品的"卖难"问题。黔南民族师范学院还与贵州绿通公司等联合,2018 年 9 月正式开通"校农结合预约直销平台",采用"线上下单、线下配送"的方式,并向全国"农校对接服务网"靠拢。该平台运行后,黔南民族师范学院教职工的农产品月采购额超过 30 万元。

贵州师范大学成立了由校党委书记担任组长的"贵州师范大学服务农村产业革命领导小组",主要负责农村产业革命的领导、指挥、落实、检查工作。校领导通过实地走访调查贫困地区,了解当地在脱贫攻坚工作中面临的困难,研究制定了一系列解决措施。在帮助贫困户解决农产品销路的问题上,贵州师范大学根据帮扶点农特产品种类,及时调整物资采购需求,优先向帮扶点提供物资采购订单,有效解决贫困户"种什么""怎么种""怎么卖"等问题。在贵州师范大学的食堂里,大多数食材都是来自省内的贫困地区。除此之外,贵州师范大学还在自营的超市、小卖部等地方设立贫困地区农特产品专区,面向广大师生销售贫困地区农特产品，扩大其销售量。2018 年 6 月，贵州师范大学、石阡县与贵州中耕农业科技发展有限公司在师大花溪校区二食堂一楼共同建设了 300 平方米的"校农结合"农产品直销超市。据统计，每天进店消费的师生平均约 1100 余人次，每天售卖各类农产品约 2300 斤。开业至今共采购贫困地区农产品 63320 斤，不仅帮扶了 50 余户贫困农户，而且保证全校师生都能吃到健康、无害的农特产品，实现了学校师生与贫困户的共赢。

贵州大学积极探索"校农结合"的新模式，将学校食堂与贫困地区贫困户精准对接，实现了贫困户的"菜园子"直通学校食堂的"菜盘子"。通过订单式采购、政府服务平台采购、建立贫困户农产品直销点等方式和贫困地区签订农产品购销协议，实现对深度贫困地区贫困农户农产品的采购，解决贫困农户蔬菜、稻米、肉蛋奶制品等农产品的销路难题。同时，贫困地区的农产品也受到师生的热烈欢迎。目前，贵州大学已与丹寨县、台江县、黎平县等地的极贫乡（镇）贫困农户通过不同的合作方式，实现了 5 万余名师生的"菜篮子"与贫困农户的"菜园子"的有效对接，"校农结合"的"贵大路径"正在逐步形成。

6. 各高校积极打造"校农结合"升级版

2017 年 1 月，贵州大学开启了"校农结合"助力脱贫攻坚工作的新模式，并把丹寨县作为贵州大学"校农结合"工作的第一站。经过一年的不断努力，贵州大学在不断总结"校农结合"工作经验的基础上，充分利用采购上的规模优势、创新上的人才优势，创造性地开展工作。在采购数量上做加法，在采购模式上不断创新，积极努力打造贵州大学"校农结合"2.0 升级版，形成了贵州大学校农结合"123"工作法——1 个让农民满意的目标、2 个食堂和超市、3 个保障机制（成立专班、健全机制，扶贫扶智、技术服务，定产定销、精准到户）。"123"工作法促进了"校农结合"工作从被动到主动，对贫困户农产品的采购从一开始的小步慢跑过渡到现在的稳步长跑，形成了可持续发展的长期有效机制。截至 2018 年，贵州大学采购贫困户农产品的总金额达 1500 余万元，扶贫农产品采购量占食堂农产品总体采购量的 60%，覆盖了 7 个市（州）21 个县 42 个乡村（包括 14 个极贫县和 20 个极贫乡镇），惠及贫困户 2028 户、贫困人口 7480 人，物资基本实现扶贫采购全覆盖（含禽蛋、肉类、大米、水果、水产、菜籽油、干货、蔬菜等品种）。

2018 年，黔南民族师范学院积极探索"校农结合"以配额换订单的农产品采购配送新模式。经过不断深入发展，帮扶覆盖面从卡蒲毛南族乡 2 个一类

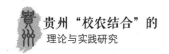

贫困村扩展到平塘县毛南族乡 19 个聚居村，进而拓展到全县，产业培扶力度加大，基地建设示范引领作用加强，建立起了"集团联合定点采购＋配额换订单统筹配送＋整合资源建基地培扶产业"的升级版"校农结合"。

7. 建基地、签协议、招农工，促进可持续脱贫

为了使农产品质量达标，实现双赢，各地区、各高校纷纷在帮扶点建立基地、签协议，确定长期合作关系。安顺市平坝区积极参与"校农结合"，打造出了"贵州模式"下的"平坝样板"，平坝区采用"学校＋公司＋基地＋合作社（贫困户）"模式，与贵州天成生态农业开发有限公司进行合作，在安平街道办喜客泉村大硐坡地流转了 3000 多亩土地，建立起现代农业产业示范基地。同时，在当地招募了近 1000 人，对化肥、种子、温室大棚等进行管理，每个月发放每人 2000 元薪水，待园区的蔬菜成熟后，按照市场价格收购，确保每户农户每年收入在 3～5 万，除此之外，天成公司还与贵州阳光林场生态农业发展有限公司绿壳蛋养殖基地、天龙镇芦车坝蔬菜种植基地、白云镇昊禹米业等企业建立了食品供销关系。贵州师范大学结合食堂对物资的需求量、需求种类以及农产品质量情况，帮扶建立了从江大米供应基地、石阡养殖基地、关岭鸡蛋供应基地等。建立种植基地既能够扩大农产品种植规模，又能够保障"校农结合"的农产品质量，同时扩大了农产品交易市场，带动了周边农民就业，有效地促进了区域内产业的发展。

8. 人才扶贫、科技扶贫促进产业扶贫

贵州师范大学共选派 68 名科技特派员参加"万名专家服务三农行动"助推脱贫攻坚，服务项目覆盖了 28 个县（市）、50 余个乡镇。近五年，在毕节等地的贫困地区累计推广荞麦新品种约 150 万亩，新增产值达 17368.2 万元，惠及贫困农户 25.6 万人。贵州师范大学乙引教授带领科研团队对毕节百里杜鹃景区内马缨杜鹃、露珠杜鹃和迷人杜鹃实施花期调控，让百里杜鹃的花期从 3 月中旬持续到 9 月底，给当地明显增加了经济效应。贵州师范大学协助江口县完成高纯二氢杨梅素（＞98％）的生产、销售，销售收入达到 17 万元；攻破了藤茶中二氢杨梅素水溶性和脂溶性差的难题，开展了二氢杨梅素水溶性及脂溶性衍生物合成研究，目前已合成衍生物 59 个，有效助推健康产业发展。

贵州大学一共选派了 400 余名教授、博士和 57 名科技特派员及 18 名驻村干部、第一书记到全省贫困地区开展产业扶贫和技术指导。宋宝安院士牵头18 名科技特派员，长期驻扎石阡等 18 个县区茶产业核心基地，建立试验和示

范点，每年开展技术培训指导不低于 200 场次，培训基层人员 1 万人次。贵州大学潘学军教授技术团队帮助赫章县选育核桃新品种 4 种，研发核桃产业化专利技术 5 项，培养科技特派员 286 人，帮扶赫章县核桃种植面积由 2006 年的 14 万亩增加至 2018 年的 166 万亩，产值由 2006 年的 3 亿元增加至 2017 年的 15 亿元，帮助赫章成为全国核桃第一大县、国家核桃标准化示范基地。贵州大学徐彦军教授及其技术团队，为印江县食用菌种植和织金县竹荪种植提供技术指导，研发获得食用菌产业化国家发明专利技术 2 项，开展技术培训 85 期，培训技术人员 1 万多人次。2017 年印江县种植食用菌 8800 万棒，实现产量 6.6 万吨，产值达 5.28 亿元，带动 3000 多户贫困户发展食用菌种植业，人均增收 3500 元以上；织金县种植竹荪 1.02 万亩，产量 1000 吨，产值达 5.6 亿元，覆盖贫困人口 1.12 万余人，直接带动 1700 余户贫困户 6000 余人脱贫致富。

黔南民族师范学院有效开展了技术培训和中小学教育师资培训，在扶贫点平塘县卡蒲毛南族乡建设农业产业示范基地，开展种养殖业技术技能培训，现场开展观摩教学活动，并到田间地头示范。在培训过程中，学校致力于把教育扶贫与扶智、扶志相结合，激发贫困户脱贫奔小康的内生动力，增强贫困农民脱贫致富的信心和决心。黔南民族师范学院在平塘县举办了扶贫点乡村工作人员"双语"服务能力提升培训班，参训教师和乡村工作人员 37 人。该校化学化工学院到扶贫点摆卡村帮扶建设的生猪养殖示范基地现场考察并在村委会组织举办生猪养殖培训讲座，生物科学与农学院到扶贫点新关村帮扶建设的蔬菜种植示范基地、紫王葡萄种植示范基地考察并现场指导栽培技术。化学化工学院有两名实习生在扶贫点平塘县卡蒲毛南族乡实习期间，开展了农产品检测工作，在农残检测实验室投入新的仪器设备后对仪器设备进行安装调试参与农产品采购中 30 批农产品的样次检测，共上传 759 条样品检测数据，每天完成对 135 个样品的检测。

9. 以需求为导向，促进"校农结合"产、供、销一体化发展

针对贵州贫困人口最多、贫困面积大、群众致富方法少、脱贫攻坚任务重的现状，从 2017 年 4 月至 2018 年 3 月，为了解全省学校食堂对农产品消费的实际需求情况，省教育厅先后三次组织人员对全省各级各类学校食堂进行农产品实际需求及学生消费情况深入调研。

"校农结合"实施一年来，贵州各级各类学校初步实现了学校后勤有保障和贫困人口有增收的"一仗双赢"局面。2018 年 3~6 月，全省各级各类学校

食堂采购本省贫困地区农产品达 23.23 万吨，采购金额达 13.01 亿元，采购数量、金额和占比较往年同期均有大幅提升。同时，"校农结合"还有效带动了全省农产品生产基地建设和贫困群众增收脱贫。据不完全统计，全省"校农结合"庞大而稳定的市场需求带动了省内 3981 个农产品生产基地（合作社）发展，促进产业调整 170 万亩，覆盖贫困人口 10.9 万户 42 万余人。

（三）贵州"校农结合"实践取得初步成效

1. 黔南民族师范学院"校农结合"典型示范有序推进

围绕"产业培扶"，探索并实施了以定点采购、基地建设、人才培养、综合施策等为路径的"校农结合"扶贫计划，为地方高校实施"大扶贫"战略提供了范例和可借鉴的定点扶贫工作路径。[①] 黔南民族师范学院"校农结合"已建成 7 个规模养殖示范点，2 个规模商品蔬菜基地，3 个产学研基地，3 个配送中心，以及一批农残检测点、测土配方点、冷储库、实用技术培训中心、新时代农民讲习所等。"校农结合"扶持建立的绿色蔬菜基地，已向广东深圳等发达地区和贵阳周边供货 20 多批次 50 多吨，"校农结合"模式已经拓展为"医农结合""企农结合""N 农结合"。

2017 年 9 月至 2018 年 4 月，黔南民族师范学院定点采购平塘县 19 个毛南族集聚贫困村的农产品一共 44 批次，总价值 100 多万元，助推平塘县扶贫，使其 500 多户贫困户获得了较好的经济收益。卡蒲毛南族乡 6 个实施"校农结合"贫困村一年来的发展情况统计可知，生猪产量增长 2.2 倍、鸡产量增长 2 倍、牛产量增长 1.3 倍、萝卜产量增长 5.1 倍、土豆产量增加 3.9 倍、白菜产量增长 2.9 倍，农产品产量增速创下了历史最高水平，卡蒲毛南族乡"生猪村""白菜组""茄子寨"等一批具有"校农结合"特色的村寨悄然形成。贫困农户收入大幅增长，年人均可支配收入达 8305.5 元，小康实现度高达 93.5%。

2018 年，黔南民族师范学院党委运筹帷幄，分管校领导一线指挥，组织部牵头组织协调。学院积极探索"校农结合"以配额换订单的农产品采购配送新模式，不断深入发展，帮扶覆盖面从卡蒲毛南族乡两个一类贫困村扩展到平

---

① 邹联克，陈世军. 地方高校实施产业培扶的扶贫路径选择——以黔南民族师范学院为例 [J]. 贵州教育，2018（6）：3—7.

塘县毛南族聚居 19 个村,进而发展到全平塘县,产业培扶力度加大,基地建设示范引领作用加强,建立"集团联合定点采购+配额换订单统筹配送+整合资源建基地培扶产业"的"校农结合"升级版。

黔南民族师范学院创新工作方式增加了扶贫点农产品采购量。2018 年教职工预约直购农产品 5 批次累计 469400 元,观澜食苑通过绿通公司全省配送或亲自到扶贫点采购 16 批次累计 394166.77 元,雨花食苑通过绿通公司全省配送或亲自到扶贫点采购 23 批次累计 260991.95 元。截至 2018 年 11 月 30 日,学院通过直销模式、配额换订单模式及线上采购三种模式采购农产品 44 批次,采购总额达 1430375.95 元(学校扶贫点采购 863416.68 元,占采购总额的 60.36%)。其中采购的猪肉占 37%,大米占 11%,菜籽油占 24%,鸡蛋蔬菜占 28%。

学校还开发农产品预约直购手机平台,与全国"农校对接服务网"并轨。2018 年 9 月正式开通了手机版"校农结合预约直销平台",学院食堂、教职工以至"校农结合"各商家,都可通过手机 App 实行线上下单、线下配送。学院网络平台销售正在积极调试和探索,谋划接入全国"农校对接"已建的"中国农校对接服务网",在全国高校食堂采购上实现网上订单交易、支付、融资、第三方认证"一条龙",争取加入全国"校园团餐联盟",在全国范围内实施"校农结合"配送。同时,积极与贵州黔菜出山农业发展有限公司洽谈合作,实施"校农结合"黔货出山。黔南民族师范学院"校农结合"正积极向全国"联网接轨"网络平台销售靠近。黔南民族师范学院"校农结合"不仅助推脱贫致富,而且开启了"服务农村产业革命"和助推"乡村振兴"的新征程。

学院建成了校内"校农结合"孵化中心、扶贫点等新的产业示范基地。2018 年 9 月,校内观澜食苑二楼南侧建成"校农结合"孵化中心和农产品展示厅,并将学校扶贫点平塘县卡蒲毛南族乡、塘边镇几个帮扶村的农产品陆续上架,面向广大师生开售。孵化中心兼具农产品样品展示、教职工预约直购、线上订单、线下配送、工作宣传、刷卡消费等多种功能,2018 年 11 月至 12 月,学校利用该中心向全校教职工生日配送"校农结合"农副产品慰问品达 30 万元。2018 年扶贫点卡蒲毛南族乡两个扶贫村新建了"校农结合"示范基地共 3 个,总面积 1750 亩,其中新关村蔬菜种植基地 600 亩、云茸食用菌种植基地 800 亩,摆卡村蔬菜种植基地 350 亩。

2. 全省"校农结合"成效明显

在乡村振兴战略的大背景下,为助力脱贫攻坚,实现精准扶贫,推进贵州教育转型,"校农结合"这一新思想新思路应运而生。在实践过程中,"校农结合"扶贫模式不断发展、扩散、推广。贵州省各大高校充分发挥学科、智力、人才、后勤、市场等优势积极推进"校农结合"的发展,各大高校或地区先后诞生了很多经典运作模式。黔南民族师范学院"定点采购、产业培扶、基地建设、示范引领"的模式、贵州民族大学"菜园子直通菜篮子"模式、黔西南州"贫困户+合作社+配送中心+学校"模式、安顺市西秀区"贫困户+合作社+购销平台+学校"模式等。这些经典模式在助力脱贫攻坚过程中取得显著成果的同时,也为进一步推进"校农结合"纵深发展提供了宝贵的经验,为助力脱贫攻坚提供了新思路,为实现精准扶贫提供了新方法,为推进产业革命注入了新活力,为实现教育教学转型发展、增强农民脱贫攻坚内生动力注入了新动力。自开展"校农结合"工作以来,全省各级各类学校食堂累计采购农产品达80.4万吨,采购金额达53.33亿元。其中,向贫困地区采购农产品数量48.27万吨,采购金额达30.85亿元。采购贫困地区农产品量占总采购量的60%。有效带动省内近4000个种植养殖基地发展,促进170万亩土地产业结构调整,带动贫困人口10万余户42万余人增收,覆盖带动近百万人民群众发展生产,初步实现了学校后勤有保障和贫困人口有增收的双赢局面。

3. 安顺市平坝区打造"平坝样板"

安顺市平坝区积极构建产业扶贫框架,助推"校农结合"产业扶贫,打造"贵州模式"下的"平坝样板"。按照省教育厅营养餐食材实行"四统"的要求,对学校营养改善计划所有物资打包招标,由中标的公司(如贵州天成生态农业开发有限公司,简称天成公司)集中统一配送。平坝区教科局与天成公司加强深度合作,采用"学校+公司+基地+合作社(贫困户)"模式,积极对营养餐物资供应进行升级改造,把食材订单直接引向贫困农村种植养殖基地,切实带动贫困户脱贫,有效促进区域内产业大扶贫良性发展。

安顺市平坝区天成公司在平坝区各乡镇流转土地3000多亩,建立了现代农业产业示范基地。招募贫困农民工近1000人,公司提供土地、化肥、种子、温室大棚、技术指导,还包食宿,农户每月收入2000元以上,园区内种植的蔬菜成熟后,公司再按市场价格实行订单收购,确保每户年纯收入在3万元左右。

4. 安顺市共建产供销链接机制,促进脱贫攻坚

普定县坚持"政府主导、整体推进、因地制宜、就近生产、就近供应、基

本自给"的工作原则,积极有效开展"校农结合"工作。从 2017 年秋季学期开始,普定县各学校食堂食材由普定县金荷农业综合开发投资有限公司(简称金荷公司)实施统一配送,逐步形成了"学校+金荷公司+村级公司+合作社+贫困户"的产供销链接机制。普定县金荷农业综合开发投资有限公司通过对全县农业资源有效整合,实现了对村级公司及种植养殖户农产品的高效利用,成立了学生营养餐食材配送中心,集农产品和物流冷链于一体,将当地分散的农产品集中整合。以梓涵冷链物流中心为依托,形成了基地农产品直供、外采、冷藏、配送的完整现代农产品经营管理体系,有效降低了经营成本,提高了农产品经营的效益,提高了贫困农户的经济收入,助推普定县脱贫攻坚。2018 年,普定县金荷公司集中采购配送营养餐食材,涉及全县 12 个乡镇(街道办),70 余个村民组,惠及贫困户 470 户(1151 人),实现户年均增收约 1.2 万元。

安顺市镇宁县创新扶贫模式,全市"校农结合"显示出扶贫成效。2017 年,镇宁县根据县教科局与江龙镇政府指导,以"企业自建基地+签约地方基地"为主导,探索"企业+基地+合作社+贫困户"的新型扶贫模式。镇宁县教育主管部门分别与县农业局、江龙镇政府、马厂镇政府、简嘎乡政府、六马镇政府、良田镇政府等签订"校农结合"框架协议。镇宁县县农业局根据教育局提供的食材品种,协调全县各合作社开展农业大户种养殖工作,并做好相关农业技术指导,确保农产品质量合格。"校农结合"工作的有效开展,使"供需"关系逐步建立了起来,进一步加快了农民专业合作社发展规模的扩大,有效促进了贫困户农产品的销售。

与此同时,安顺市其他县(市)、学校也正在有效开展"校农结合"助推脱贫攻坚的工作。紫云县、开发区都采用统一配送的方式确保营养改善计划食材及时有效供应。如紫云县教育局积极引导配送公司与合作社、贫困户签订购销合同 51 份;开发区通过"校农结合"模式,带动 100 余户贫困户、农户 500 余人实现增收。关岭县各学校与贫困农户签订食材配送协议 41 份,带动 168 户贫困户、贫困人口 821 人增收。市一中与贵州绿野芳田有限公司和西秀区鸡场乡联心村(该校同步小康帮扶村)分别签订合作协议,实现学校食堂食材采购与贫困户农产品供给无缝接轨。全市教育系统坚持"扶志"与"扶智"并举,深化"校农结合",扎实推进脱贫攻坚。截至目前,"校农结合"产业扶贫共惠及 13.4 万余人,带动 1.5 万余户贫困户实现产业脱贫。(贵州"校农结合"实践的初步成效见表 3-1)。

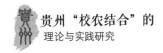

贵州"校农结合"的
理论与实践研究

表 3-1　贵州"校农结合"实践的初步成效

高校（或地区）	"校农合作"模式	初步成效
黔南民族师范学院	"定点采购、产业培扶、基地建设、示范引领"	定点帮扶平塘县卡蒲乡新关村、摆卡村，建立区域高校"校农结合"联盟，搭建统一配送平台，实行互补供给，并率先在校内设立"校农结合"预约直销专柜，线上下单，线下配送。目前通过定点采购，已覆盖建档立卡贫困户 1300 户，惠及近 4000 人。 平塘县共有各级各类学校 157 所，在校学生 56729 人，学生食堂每年需要蔬菜 2150 吨、肉类约 600 吨。平塘县自实施"校农结合"助力脱贫攻坚以来，全县采取"公司＋基地＋合作社＋贫困户"的方式，共建立果蔬种植基地 12 个、养殖基地 6 个、"校农结合"合作社 10 个，覆盖贫困户 700 余户 3000 多名贫困人口；2017 年，平塘县 157 个学生食堂共购买蔬菜类 2000 多吨、肉食类 550 余吨、粮食类 250 余吨，购买金额 1300 余万元，让 3128 户（其中贫困户 1102 户、5086 人）户均实现增收 4156 元。 2017 年 9 月至 2018 年 4 月，学院定点采购平塘县 19 个毛南族集聚贫困村农产品一共 44 批次，共价值 100 多万元，助推平塘县扶贫，使 500 多户贫困户获得较好的经济收益。年底生猪存栏数从 1956 头增加到 4210 头，增长 2.2 倍；土鸡从 3.39 万羽增加到 6.81 万羽，增长 2 倍；肉牛从 575 头增加到 775 头，增长 1.3 倍；萝卜从 105 亩增加到 537 亩，增长 5.1 倍；白菜从 176 亩增加到 512 亩，增长 2.9 倍。
黔西南布依族苗族自治州	"贫困户＋合作社＋配送中心＋学校"模式	黔西南州与 1104 所学校完成"校农对接"签约，签约率达 95％，覆盖 3.2 万贫困户 12 万余人，涉及 105 个基地、287 个合作社，仅配送中心和基地就为 4600 余名贫困群众提供了就业机会，减少 3800 多名留守儿童。 兴仁市百德镇辖区内大棚 140 个，每天为学校提供蔬菜 1500 斤，"校农结合"模式带动农户就业 3000 余人，实现人均收入 1500～2000 元。营养餐经费纳入"校农结合"年交易额达 2000 万元以上，纳入营养改善计划的学校达 146 所，享受营养餐改善计划的学生高达 53266 人。

42

高校（或地区）	"校农合作"模式	初步成效
黔西南布依族苗族自治州	"贫困户＋合作社＋配送中心＋学校"模式	望谟县"校农结合"成精准扶贫样本。望谟县郊纳镇邮亭村 17 户村民成立郊纳生态种植养殖农民专业合作社。种植生态蔬菜 260 余亩，吸引 90 余户农户加入。蔬菜基地年产值突破 300 万元，木耳种植地 40 亩，亩产值 24000 元，合作社累计向周边学校配送农产品和畜产品 100 多吨，支付群众劳务费和分红共计 25 万余元。安龙县通过校农合作，与 108 所合作社、基地、农户合作学校等建立了长期合作关系，共签订供销合同 700 余份，覆盖建档立卡户 861 户。全州推广荞麦新品种及栽培技术，覆盖面积累计 150 万亩，新增产值达 17368.2 万元，惠及贫困农户 25.6 万人。
安顺市西秀区	"农户＋合作社＋绿野芳田有限公司（购销平台）＋学校"模式	截至 2018 年，贵州绿野芳田有限公司与安顺市西秀区内 160 家合作社签订生产订单，土地流转 15 万亩，种植 29 个蔬菜品种，带动 4171 户贫困户实现年均增收 1 万元以上，惠及 7483 人。营养餐覆盖全区中小学 147 所，幼儿园 152 所，共计 299 所中小学幼儿园，惠及中小学生及幼儿 10 万余人，随着政企双方合作的深入推进，安顺市西秀区实现了公司与合作社、农户（贫困户）之间更加良性的互动和发展，切实保障了产销衔接机制到村到户到人，进一步扩大了各类种植养殖基地、合作社的发展规模。
贵州大学	"校农结合农产品直销点"工作模式	通过技术扶贫、产业扶贫、生态扶贫、教育扶贫、文化扶贫等模式推进"校农结合"。截至 2018 年，贵州大学食堂农产品采购惠及贫困户 2028 户，贫困人口 7480 人，扶贫采购总金额达 1500 余万元。
贵州师范大学	"高校食堂＋政府扶贫平台＋扶贫基地（扶贫企业/合作社）＋订单"的"校农结合"模式	通过科技扶贫与产学研相结合，开展教育扶贫、技术扶贫、产业扶贫、生态扶贫、党建扶贫等工作。贵州师范大学派 68 名科技特派员参加"万名专家服务三农行动"助推脱贫攻坚，服务项目覆盖贵阳、六盘水市、安顺市、毕节市、铜仁市等地的 28 个县（市），50 余个乡镇。至今共采购贫困地区农产品 63320 斤，带动 50 余户贫困农户实现产业增收。

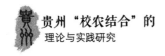
续表3—1

高校（或地区）	"校农合作"模式	初步成效
贵州民族大学	"菜园子直通菜篮子"工作模式	贵州民族大学推出了"专项规划、专项培训、专项扶智、专项助学、专项助困"5大专项行动，于2017年12月与镇远县联合举办了首届贵州民族大学、镇远县农特产品展销会，镇远县16家农产品企业带着60多种优质农特产品走进贵州民族大学校园，参会商家23户，交易量从2017年的20万元增至2018年的90余万元。对口帮扶的10个贫困村于2019年如期稳定出列，筑牢坚实基础，带动镇远百姓1030户贫困户创收350万元，为镇远县打赢脱贫攻坚战奠定了坚实基础。
遵义医学院	采取农校对接式	遵义医学院与帮扶点正安县新州镇向家坝种植千亩的蔬菜基地签订订单式合同，实行对口供给、常年销售。在新州镇龙岗村开设立肉兔养殖基地，通过订单供养实验用兔带动了当地百姓精准脱贫。
遵义师范学院	"学院订单采购＋公司供给经营＋贫困户种植养殖"的"校农结合"供销合作模式	农民生产的绿色蔬菜、瓜果、肉、禽蛋等土特产品，通过一家电子商务有限公司直接收购，然后直供遵义师范学院后勤管理处，形成订单式生产供给。
安顺市平坝区	"学校＋公司＋基地＋合作社（贫困户）"模式	带动流转土地3000多亩，建立了现代农业产业示范基地，对贫困户进行产业利益联结，招募当地"产业工人"近1000人，公司对其提供土地（在园区内）、化肥、种子、温室大棚、技术指导、住宿及每月2000元的薪水，在园区内种植的蔬菜成熟后，公司再按市场价格实行订单收购，确保每户（以每2人为1户计）每年纯收入在3～5万元左右。
安顺市普定县	"学校＋金荷公司＋村级公司＋合作社＋贫困户"的产供销链接机制	目前，该县金荷公司集中采购配送营养餐食材，涉及全县12个乡镇（街道办）、70余个村民组，惠及贫困户470户（1151人），实现户年均增收约1.2万元。

（四）贵州"校农结合"实践取得"七个新突破"

2017年3月至2018年2月，"校农结合"经历了产生、发展、扩散、推广的过程。一年来，"校农结合"工作取得了"七个新突破"。

1."校农结合"创新发展取得新突破

目前，贵州各地各学校结合实际积极探索和实践"校农结合"的创新经验与模式。贵州"校农结合"先后形成了黔南民族师范学院"定点采购、产业培扶、基地建设、示范引领"、黔西南州"贫困户＋合作社＋配送中心＋学校"、安顺市西秀区"农户＋合作社＋绿野芳田公司（购销平台）＋学校"和贵州民族大学"菜园子直通菜篮子"等工作模式。贵州大学不断推陈出新，积极打造贵州大学"校农结合"2.0升级版，形成了贵州大学校农结合"123"工作法。2018年黔南民族师范学院开始积极探索"校农结合"以配额换订单的农产品采购配送新模式，建立"集团联合定点采购＋配额换订单统筹配送＋整合资源建基地培扶产业"的"校农结合"升级版，促使"校农结合"创新不断发展、不断突破。

黔南民族师范学院结合定点帮扶平塘县卡蒲毛南族乡新关村、摆卡村，建立区域高校"校农结合"联盟，搭建统一配送平台，实行互补供给，并率先在校内设立"校农结合"孵化中心、"校农结合"配送中心、"校农结合"学生消费窗口、"校农结合"预约直销专柜及不断推进贵州省"校农结合"研究会工作。目前学校通过定点采购已覆盖建档立卡贫困户1300户，惠及近4000人。黔西南州通过实施"贫困户＋合作社＋配送中心＋学校"工作模式，1104所学校完成了"校农结合"对接签约，签约比达95％，覆盖3.2万贫困户、12万余人，涉及105个基地、287个合作社，仅配送中心和基地就为4600余名贫困群众提供就业机会，减少留守儿童3800多名。

贵州大学充分发挥学、智、力、人才优势，创建了"校农结合农产品直销点"，并通过技术扶贫、产业扶贫、生态扶贫、教育扶贫、文化扶贫等模式推进"校农结合"；贵州师范大学充分发挥学科专业和教育科技人才优势，建立了"高校食堂＋政府扶贫平台＋扶贫基地（扶贫企业/合作社）＋订单"的"校农结合"模式，通过科技扶贫与产学研相结合，开展教育帮扶、技术扶贫、产业扶贫、生态扶贫、党建扶贫等"校农结合"工作。贵州民族大学开展"菜园子直通菜篮子"行动，并推出了"专项规划、专项培训、专项扶智、专项助

学、专项助困"5大专项行动的"校农结合"模式。

遵义医学院依托帮扶点正安县新州镇向家坝种植千亩的蔬菜基地签订订单式合同，实行对口供给、常年销售。在新州镇龙岗村开设肉兔养殖基地，通过订单供养实验用兔带动了当地百姓精准脱贫；遵义师范学院"学院订单采购＋公司供给经营＋贫困户种植养殖"的"校农结合"供销合作模式中，农民生产的绿色蔬菜、瓜果、肉、禽蛋等土特产品，通过一家电子商务有限公司直接收购，然后直供遵义师范学院后勤管理处，形成订单式生产供给；凯里学院与台江县签订"校农合作"框架协议、"农产品供销合作协议"，积极推进"校农结合"工作。

"校农结合"对于中小学和幼儿园而言，主要是通过师生对农产品的需求来帮助贫困农户解决"卖难"问题，拉动产业扶贫，并在实施过程中增强教师对脱贫攻坚的认识，引导教师在力所能及范围内为脱贫攻坚做出贡献，并通过教师的课堂教育，引导学生从小树立崇高远大的理想。

从目前看，"校农结合"主要形成了以下四个渠道：一是学校自身建立集团、形成联盟，通过直接与农村合作社或者与流通企业合作，建立分类配送平台，采取定点直购、配额换订单、互补供给的形式，采购贫困地区农产品，帮助贫困户解决农产品"卖难"问题，推动产业扶贫。二是在学校开设贫困村贫困户直销店、直销中心，覆盖学校及周边市场。三是通过"校农结合"精准扶贫软件、电商、"互联网＋"等形式，实行线上下单、线下配送的方式销售贫困村、贫困户农特产品。四是高校作为人力、智力、科技、科研、研究平台等资源集聚的平台，可以将绝大多数的高层次人才都集中在高校。

"校农结合"给高校与地方经济社会发展出了新"课题"，给科研提供研究基地，为成果转化搭建平台，为与地方联合创造了条件。高校借助"校农结合"模式，引导科研人员深入基层、联系群众、解决发展难题，把"论文""写"在贵州脱贫攻坚大地上，开辟了许多可以深入挖掘的研究空间。贵州地方高校更多是要培养服务地方发展的应用型人才，"校农结合"让高校了解、掌握社会需要什么样的人才，时代需要什么样的人才，有针对性地培养扎根民族地区、服务地方经济社会发展和文化传承的实用性人才，"校农结合"同时也为高校学生实践、实习、实训提供了场地和机会。

2. "点""面"结合"试点"取得新突破

贵州有近1.8万个各级各类学校食堂，就餐学生人数约占全省人口六分之一，平均每月消费农产品的价值为10亿元，学校食堂是一个庞大而稳定的市场。"校农结合"在全省推广一年期间，共收购贫困地区农产品价值达 45 亿元，带动 4000 个种植养殖基地发展，促进产业结构调整 170 万亩，带动贫困人口 10 万余户、42 万余人增收，覆盖近百万群众。帮助贫困农户脱贫。自 2017 年 9 月"校农结合"在贵州省教育系统全面推行和 2018 年 2 月"校农结合"精准扶贫模式在全省全面推广以来，全省大中小学在省教育厅的统一领导安排部署下，通过高校"校农结合"集团、职业院校"校农结合"联盟购销平台、中小学"校农结合"集中模式等方式进行了探索，分类"试点、试验"不断推进。同时，贵州大学、贵州师范大学、贵州民族大学、黔南民族师范学院等一批高校积极开展"校农结合"探索实践，形成了"点""面"结合的"试点试验"格局。

3. "校农结合"引导产业结构调整取得新突破

贵州省教育厅校农办公室负责人郭启光认为：要按照学校需要什么就组织生产什么的原则，以学校对农产品的需求计划引领指导产业结构调整和布局，以农产品采购引导贫困户按需发展产业。

"校农结合"通过学校的实际需求，引导贫困村贫困户对农产品进行产业结构调整。农产品的供给并非必须面面俱到，而是根据不同地区的需求来选择供给产品的种类和数量。农户想要有效参与到"校农结合"中，就必须调整产品生产结构。基于这种现状，"校农结合"不断创新农产品产销对接机制，将学校需求与农产品销售精准衔接，学校需要什么农民就生产什么。从解决"为谁生产"问题入手，通过需求引导供给，既解决了农产品销售难的问题，又解决了农民的后顾之忧，还解决了农民"生产什么""如何生产"的问题，推动了农业供给侧结构性改革，促进了产供销一体化、农业产业结构深度调整和一二三产业深度融合。

荔波县水丰村是贵州装备制造职业学院的驻村帮扶点，过去，"不知道该种什么，种什么都怕亏"的思想阻碍了当地产业发展。建立帮扶关系后，学院要什么，村民种什么，水丰村在驻村干部的指导下发展农业种植，村里的应季农产品直销到学院食堂。

2018 年 3 月份，贵州职业院校"校农结合"联盟在贵阳成立，联盟学校按月提供食堂对农产品的需求计划，购销平台根据需求计划到省内贫困地区特别是深度贫困县组织订单生产、收购、检测、储存及配送，贫困群众对这种做法赞不绝口。

由黔南民族师范学院与平塘县共建的"校农结合"综合示范区正在规划设

计，将分为生产区、加工区与销售区，是田园综合体的一种新型模式。目前有意向入驻的企业已有 10 家（7 家为生产企业，3 家为加工企业），一些电商销售平台也在密切关注"校农结合"综合示范区的建设。从平塘县中小学营养餐实施情况看，与"校农结合"产销对接各个环节直接相关的企业 20 家（其中餐饮企业 5 家、物流企业 6 家、加工企业 4 家、销售企业 5 家）。目前，平塘县"校农结合"、中小学营养餐产业链至少解决了 1500 人的就业问题，带动了近 4000 人脱贫。

4. "校农结合"供应模式不断取得新突破

引导农产品生产企业到贫困地区建立生产基地，通过订单方式供给学校，搭建购销平台，遵循市场规律，确保校农双赢。邹联克说，这是他们探索出来的建基地与搭平台的路子。随着"校农结合"模式的不断创新发展，在总结经验的基础上，供应模式也在不断取得新突破。

贵州大学率先引进"农校直销合作"平台，并开设"贵州大学校农结合扶贫农产品直供点"，本着"农户增收、师生受益"的原则，通过"需求引领生产，项目带动产业"的方法，探索建立惠民惠师、帮扶不断线的常态化扶贫机制，使贫困地区优质特色农副产品进入校园，并打破了采购农产品只供应学生食堂的单一模式，而是根据教师的需求，让更多优质绿色农产品进入教师家庭的菜篮子。贵州工业职业技术学院改变原有的"一家一户"的生产方式，将贫困户召集起来，建立种植业、养殖业基地，并与学校签订购销协议，为农产品销售搭建长期合作平台，初步实现了订单式合作。

5. "校农结合"促进可持续脱贫取得新突破

服务"三农"、助力脱贫攻坚是"校农结合"的重要目标。充分发挥高校经济学、旅游学、农林经济、房地产开发、人力资源管理、行政管理、物流管理、生物化工等专业资源优势，满足农业、农村、农民发展需求，增强农民可持续脱贫能力；各类职业技术院校在满足农业专业化生产，推广先进生产技术、技能培训等方面对帮助农民可持续脱贫有重要推动作用。中小学、幼儿园营养餐市场对绿色食品生产需求量较大。同时，大中小学的这些资源优势也为扶智、扶志注入了持久动力。

6. "校农结合"助推贵州教育强省取得新突破

"校农结合"作为精准扶贫模式的重大创新，其带动作用是不可替代的，高校肩负着培养德智体美劳的中国特色社会主义事业建设者和接班人的任务，在全面建成小康社会的关键时期，还肩负着为脱贫攻坚培养生力军的重任。"校农结合"有利于培养"接地气"的应用型人才，有利于引导学生投入脱贫攻坚第一线，有利于高校人才培养、科学研究、服务地方功能的发挥，"校农结合"实践为高校转型发展提供了新思路。"校农结合"以培养人才为动力源，以服务"三农"为目标，促进教育教学的内涵式发展。当前，贵州各地正在以"校农结合"作为教育教学转型发展的主要抓手，提高教学质量。"校农结合"为实现教育服务地方经济提供了一个新的转型发展平台，为教育教学找准了新的服务方向，为构建适应时代发展要求的教育体系提供了契机，改变了教育教学与实践相互脱节的"两张皮"现象，增强了教育的实践性，让教育在转型发展中不断创新，突破自我。

7. "校农结合"助推乡村振兴战略取得新突破

"要做好新时代'三农'工作，必须加强新时代党对'三农'工作的领导，必须坚定不移地实施乡村振兴战略，而'产业兴旺'则是'乡村振兴'在发展战略上最现实的调整和反映。"① "校农结合"抓住了产业兴旺这个重点，推动了乡村物质文明发展。产业是脱贫攻坚的重要基础，也是乡村振兴的基石。"校农结合"立足于产业兴旺、产业振兴，力求打破产业发展瓶颈，以销带产带动贫困群体增产增收，推动产业兴旺发展；并把产销两个市场作为实现脱贫攻坚、乡村振兴过程中同一问题的两个方面，实现以销定产、产销结合，抓住生产环节的重点。同时，"校农结合"抓住了乡风文明这个灵魂，推动乡村精神文明发展。学校利用各种文化资源促进乡村文化教育、弘扬优秀传统文化，在实现传统乡村文化的创造性转化与创新性发展等方面已初见成效。毫无疑问，"校农结合"在生态宜居、治理有效、生活富裕等方面还有广阔的融合空间。

贵州民族大学探索"校农合作"新路径，为镇远县乡村振兴谋划出路。该校以"解放思想、先行先试""优势互补、资源共享、共同发展"为原则，对镇远县进行帮扶。以"新时代基层党建＋创新城乡社区治理＋乡村振兴"为建设的基本路径，以"共建示范社区、共推能力建设、共谋产业发展、共培三农队伍"为核心，推出"八个专门"项目，成立"镇远研究中心""校地协同服务基层党建创新研究中心""镇远县乡村振兴人才培养基地"，发起"镇远减贫

---

① 蔡丽君.实现农村产业兴旺的对策研究［J］.农业经济，2018（9）：22~23.

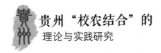

示范行动基金",实施"订单式"挂职计划,建设"校地扶贫产业创新创业园",实施"专业社区工作人才培育项目",搭建"校地民族民间文化艺术协同创新展演平台"。力推"五个专项"。一是专项规划,组织相关领域专家为帮扶点产业发展"把脉问诊";二是专项培训,培训脱贫骨干力量,进一步转变乡村干部和脱贫带头人的发展理念;三是专项扶智,通过文艺巡演展现新时代的新风貌,激发群众脱贫致富的内生动力;四是专项助学,如设立"弘毅奖学金"和"弘毅助学金";五是专项助困,开展帮扶活动,以党建促扶贫。

四、当前贵州省"校农结合"实践存在的主要问题

(一)"校农结合"理论研究相对滞后

"校农结合"作为助力脱贫攻坚、实现全面小康、乡村振兴的一种新探索和尝试,对推动贵州经济发展发挥着积极作用。随着探索和新尝试的不断深入,贵州各个地区的发展所面临的问题也逐渐深化、多样化,产业发展难度进一步加大,需要我们不断探索。在推进"校农结合"工作过程中,部分学校领导高度重视、大胆创新、身体力行,"校农结合"工作稳步推进,但也出现了实践发展先行、理论研究的深度和广度相对滞后等问题。

(二)"校农结合"区域统筹推进合力尚未形成

2018年3月,黔南民族师范学院率先联合都匀地区各高校成立了"校农结合"集团,但仍存在区域高校集团整合力度不够、各学校资源有待进一步协调、各个学校的政策扶持与农产品采购力度各不相同、综合推进力度还不够强等问题。因此,黔南州各高校虽自行向帮扶乡、村采购农副产品,但没有形成引导产业发展的协同合力。

(三)"校农结合"的实际成效仍不及预期目标

2018年,贵州省各学校的农产品采购目标是通过"校农结合"渠道完成40%以上的采购量,但因学校的需求规模与农产品的产量衔接等问题尚未完全解决,从走访情况看,黔南州"校农结合"也只实现了35%左右。学校后勤根据学校食堂、教职工等方面的需求向农户直接购买农产品,但农户所种植的农作物产量,学生的饮食习惯、爱好以及教职工对农产品的需求等情况是多

变的，具有较强的不确定性，且存在农户种植的农作物种类经常无法满足学校食堂多样化需求的情况。贵州省实施"校农结合"的现状与预期的效果相比，显然是存在差距的。此外，学校需求的多样性与农户生产的单一性相矛盾，学校希望通过配额换订单解决这一问题，但农户总想什么都供应，产品供应应当大而全的思想一时难以转变；农业产业发展快与流通企业壮大慢相矛盾，常出现收不完、收不快、不敢收的情况，造成农产品积压。

（四）"校农结合"向纵深推进的力度不够

当前各学校为贯彻落实精准扶贫战略，纷纷实施"校农结合"，助推脱贫攻坚。但从目前的情况来看，各大高校在开展"校农结合"的工作过程中，还只停留在面上的推进，采购贫困村贫困户农产品的占比和精准度都不高，点上的深度还不够。每所高校都有多个院系与专业，如生态农业学、经济学、历史学、美术学、管理学等，这些专业的师生都可以运用其知识等资源支撑农业产业的科学发展。但各院系与专业还尚未深入实际，人才专家也没有真正运用自身所拥有的知识技能服务农业产业的发展，对脱贫攻坚、产业革命、乡村振兴的研究涉及不多，也没有深入实地进行调研，立足实际，寻找问题；仍未充分发挥学校在脱贫攻坚、全面小康、乡村振兴中的作用。

"校农结合"纵深发展主要存在产业与学科知识结合问题。首先表现在农产品的种植上，即农作物在幼苗期、生长期、成熟期、收成期等不同阶段用到的学科专业理论知识不同。其次表现在农产品的销售上，包括存储、运输、产品分类划价、质量、市场、过磅、现金交易、包装、售后、文化下乡宣传等方面，高校应该进一步发挥学科专业优势（见表4-1）

表4-1 高校资源与产业发展需求的融合情况

"三农"发展需求	高校资源对接点 （含师生资源、学科优势等）	是否实现高校资源 与需求的有效对接
种植	植物学、农学（产前、产中、产后）	否
存储	生态农业学	否
运输	经管学院物流专业提供路线规划、运输公司的选择范围等	否
产品分类划价、售后	市场定价、产品销售知识对接	否

"三农"发展需求	高校资源对接点 (含师生资源、学科优势等)	是否实现高校资源 与需求的有效对接
质量	生态农业学、化工学(质检、农药含量等)	是(质量检测)
市场	经管学院的市场营销学、市场开发专业	否
过磅	计科系、管科系(电子设备使用、电子管理)	否
文化下乡宣传	音乐舞蹈专业、文化传播专业	否
包装	美术专业(包装设计、美化包装等)	否

(五)"校农结合"的横向机制不畅通

横向机制不畅通,即是与学校同级别的部门、企业、社会机构等在沟通、协同、合作、共享上缺乏共同着力的切入点、利益联结点,在机制上体现为利益联结机制没有形成,横向机制不畅通。

"校农结合"现已形成三大并举的模式:一是"大路货"农产品,采用学校集团(联盟)与流通龙头企业合作运行模式;二是单宗大批量农产品,采用食堂直购模式;三是"高端"农产品,实行线上下单、线下配送模式。目前"校农结合"仍然存在以下问题:"校农结合"从生产到销售之间的环节还未完善,如农产品的深加工、冷链物流、网络销售等环节还未形成一个畅通的体系。在农产品的深加工方面,农户并没有做过多加工,企业深加工也较少,农产品的附加价值低。在冷链物流方面,基本不能满足果蔬、肉类等鲜活农产品保鲜的需求;通过走访调研,部分学校向农户购买农产品的过程中出现了禽蛋、肉类变质的问题,且果蔬运达目的地之后也不再新鲜。销售上,还是以学校到农村向农户直接购买为主,没有建立起一个较为规范、系统的销售团队,也还没有真正做到以销定产,网络销售、电商平台也还存在诸多不便之处。党的十九大报告指出,乡村振兴战略以产业兴旺、生态宜居、乡风文明、治理有效、生活富裕为总要求,必须要准确地把握总要求的内涵以及五点之间的关系,理清发展思路,全面科学系统地落实好乡村振兴战略的每一个环节。目前,贵州省"校农结合"的实施地点以高等院校为主,普通中小学以及幼儿园由于"校农结合"发展的不完善,产供销一体化机制的培育仍不成熟,"校农

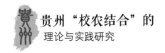
结合"的规模经济不能充分体现，市场开发不能更深地推进。

结合乡村振兴战略的总要求来看，"校农结合"的面较为单一。目前"校农结合"运行模式，更多的只是立足于产业兴旺这一面，没有协调好、统筹好新"二十字方针"的内在关系，单以产业带动农村发展，带动农民脱贫致富，这一发展思路较窄。在实践中较为粗浅的以销定产，单纯为农产品销路提供后勤保障，尽管在"产业兴旺"方面取得了一定的成果，但贵州省各大高校中与产业兴旺关联度很高的人力、智力资源尚未被充分开发，各个优势学科专业的师生都没有参与到"校农结合"工作中，只是在探索中较好地完成了"产业兴旺"初级阶段目标。

结合高校自身的优势资源来看，"校农结合"的覆盖点也有待增多。高校自身有人才、技术、发展理念、专业学科、先进思想等特殊优势，在助推生态宜居、乡风文明、治理有效、生活富裕等方面，有着不可比拟的优势。但是贵州省各大高校不仅没有将各自的专业学科、专业学识、专业人才很好地投入到"校农结合"中去，也没有很好地意识到助推乡村振兴同时也是推进教育转型发展的新举措、新思路；没有把生态宜居、乡风文明、治理有效、生活富裕等作为教育转型发展的需求导向、专业导向、人才导向、学科导向甚至是课堂导向。因此，"校农结合"的点有待增多，发展范围有待拓展。

（六）农产品价差问题

2018年3月，黔南民族师范学院与农产品配送企业贵州省绿色农产品流通控股有限公司（以下简称贵州绿通公司）合作签约后，该公司在学校扶贫点平塘县卡蒲毛南族乡现场采购配送到学校的农产品，因运费、税费等因素，价格高于食堂自行采购同类产品价格，大部分产品价差在10%左右，因此，学生食堂餐饮企业不愿接收配送的农产品，导致农产品配送的数量和总额不够理想。

（七）生产与需求的季节性矛盾

一方面，农产品季节性与学校假期安排存在矛盾，农产品的调节仍是一个突出问题，有时接不上计划就会造成农产品积压。另一方面，"校农结合"部分基地建设发展很快，季节性单种农产品产量迅猛发展，往往造成囤积，出现季节性产品"卖难"问题，仅靠一校师生无法及时消化积压的单种农产品。而在学校每年秋季开学后 8 月底和 9 月初这一时间段，除肉类、禽蛋、南瓜、玉米、黄豆等少数农副产品能够正常供应，大米、土豆、萝卜、莴笋、茄子、青椒、西红柿等很多日常蔬菜类农产品在供应方面往往会出现季节性短缺现象。

（八）学校需求多样性与农户生产单一性的矛盾

由于贫困村、贫困农户种植种类单一，学校不能完全消化所有农产品。同时，这些单一产品不能满足学校所需的产品种类。不仅如此，许多产品甚至卖不出去。贫困村农产品同质化生产问题尤为突出，一家发展辣椒就都发展辣椒，一家生产食用菌就都生产食用菌，造成量多消化不完。可见，"校农结合"将农户产业发展的积极性调动起来了，但产业化后，大批量农产品"销售难"的问题又出现了。

（九）企业承担社会责任的意识不足

在"高校（集团）＋流通企业＋合作社＋农户"模式下收购"大路货"农产品的过程中，"流通企业"（如贵州绿通公司）搭建的配送平台刚起步，固定配送学校（单位）少，消费量小，配送力弱，采购力弱，与地方政府、学校协调不到位，难以实现"就近配送"并降低运营成本。企业在各地建立的配送中心、分解中心没有真正起作用，出现了"戳一点动一点"的局面。

定额换订单运作不够默契。学校是从食堂原有的农产品采购份额中分出一部分，交给负责"校农结合"的流通企业来配送。企业到极贫村采购一定量农产品，采取"定额换订单"的方式。为让企业有利润，学校给企业的配额量远大于企业到定点村的采购量，多余部分允许企业到批发市场上采购配送到学校，以此来弥补企业的采购价差。但企业为获利，到贫困村采购时常有意压价，可见约束机制还不健全。

五、贵州"校农结合"案例调查与基本经验

（一）黔南州"校农结合"情况

为了深入贯彻习近平总书记在深度贫困地区脱贫攻坚座谈会上的重要讲话精神，落实党的十九大提出的"解决打赢脱贫攻坚战"总要求，黔南州按照省委、省政府和州委、州政府关于全省脱贫攻坚、农村工作和乡村振兴战略部署安排和省委对"校农结合"的具体要求，根据省教育厅等六部门印发的《贵州省教育脱贫攻坚"十三五"规划实施方案》和《贵州省教育厅关于进一步全面深化"校农结合"助推脱贫攻坚的意见》，在总结黔南州"校农结合"经验的基础上，推动黔南州高校"校农结合"集团采购工作顺利进行。

黔南州政府致力于推动教育局、粮食局、学校等各部门充分合作，既明确各单位、各部门具体工作任务、权利、义务，又联动整合多方资源，建立市场主导、政府引导、学校带动、社会参与的黔南州"校农结合"利益共同体，开展"校农结合"工作，遵循市场规律，坚持精准扶贫原则，按照中央和省、州脱贫攻坚工作要求，深入实地了解情况，做到精准识别、精准对接、精准施策、精准帮扶。在开展"校农结合"工作时，既要做到突出重点，又要做到兼顾全面，明确各级各部门的重点任务。

黔南州实施"校农结合"以来，已有黔南民族医学高等专科学校、黔南民族职业技术学院、黔南民族幼儿师范高等专科学校、贵州经贸职业技术学院等多所学校加入。2018 年 3 月 6 日，黔南州政府在"校农结合"发源地平塘县举行黔南州"校农结合"暨"春风行动"启动会，加大"校农结合"宣传力度，打造"校农结合"升级版。

黔南州各高校根据各地区的贫困情况，制订了相应的帮扶工作计划，充分运用地方高校信息、科技、人才、智力等资源服务地方社会经济文化发展，探索出"学校+基地+农户（贫困户）""学校+专业合作社+基地+农户（贫困户）""学校+村委会+基地+农户（贫困户）""学校+公司+农户（贫困户）"

"公司+农户（贫困户）+合作社+营养厨房""学校+合作社+购销平台+农户（贫困户）"等"校农结合"模式。各高校以学校牵头，与合作社、公司合作，共同实践带动农户脱贫致富的方法，建立"校农结合"精准扶贫配送平台，开展线上销售、线下配送，并开设"校农结合"产品窗口，为"校农结合"的发展多方寻找策略，推动"校农结合"更好更快发展。

（二）平塘县"校农结合"实践调查

近年来，平塘县大力推进"校农结合"助力乡村振兴，力争全县脱贫，实现脱贫攻坚目标，经过近一年的发展，取得了良好成效。平塘县在实施"校农结合"帮助农民脱贫工作中，始终坚持政策到位、宣传到位、措施到位，不谈空话，坚决落到实处的原则，积极开展各项调研活动，鼓励群众种植绿色农产品，联合各地学校研究如何打开农产品销路。为推动"校农结合"的可持续发展，平塘县各级各类学校不断创新以学校直销为主的形式来帮助农民脱贫致富的办法。

目前，平塘县通过土地流转、土地承包、土地联种、蔬菜瓜果种植、牲畜养殖等多种举措，共同助力"校农结合"的协同发展。随着平塘县的蔬菜瓜果种植、特色农产品种植、畜产品养殖业的迅速发展，合作社产业规模不断壮大，面临着许多新问题，尤其是农产品销路问题。为推进"校农结合"的可持续发展，适应乡村发展新常态，平塘县推出了以下新举措。

1. 确定"校农合作"脱贫攻坚主要目标

平塘县的"校农结合"脱贫攻坚工作，以实现"四富"为主要目标，即坚决要"富"干部群众脑袋，开阔干部带领群众脱贫奔康的视野、丰富群众增收致富的门路；坚决要"富"百姓腰包，组织农户大力发展种养业，并通过政府政策支撑、部门联动配合、企业鼎力支持，层层提供保障；坚决实现"富"学生营养，"校农结合"产品直接对接学生营养厨房，配送中心根据就近原则，让绿色农产品从基地到餐桌一步到位，没有运输污染，没有保鲜环节，既保证食品安全，又保证食品新鲜；坚决要"富"家庭情感，通过建设"校农结合"基地、农业产业园基地等，吸引平塘县外出务工人员返乡创业，从源头上减少留守儿童和空巢老人，有效弥补亲情的缺失。

平塘县"校农结合"有着适合自己的独特发展思路，该县采取继续扩大"校农结合"产业规模的方式，让"校农结合"的红利惠及更多的贫困户。一是建好东西两大片区的种植、养殖示范基地，形成有看点、有经验、可复制的龙头基地，辐射带动周边建成更多规模大、上档次、抵御风险能力强的合作社。二是进一步完善配套服务功能，升级改造各学校营养厨房，并建好覆盖全县、联通每一个营养厨房的"冷链物流"，让每一个学生都能吃上新鲜安全的食品。三是按照"四有"模式，结合大旅游发展战略，规划线路和品种种植分布，着力打造"农旅合一"的"校农结合"升级版，让"校农结合"产品成为旅游商品，让每一个"校农结合"基地（合作社）成为亮丽的旅游风景线。四是拓展外销渠道，借助黔粤两地结对帮扶等平台，使平塘县的"校农结合"产品登陆省外各大市场，被端上都市人家的餐桌。

平塘县通过部门合作，根据"定点采购、产业培扶、基地建设、示范引领"的精神，采取"学校＋基地＋农户（贫困户）""学校＋专业合作社＋基地＋农户（贫困户）""学校＋村委会＋基地＋农户（贫困户）"等生产模式进行产业发展。平塘县在脱贫攻坚的实践中，还探索出了"公司＋农户（贫困户）＋合作社＋营养厨房"的"校农结合"新模式，在贵州省内率先实现当地农副产品对中小学、幼儿园学生营养餐食材的全覆盖，并创造了就业岗位近1000个，让贫困户实现一人稳定就业、保障一家脱贫的目标。"校农结合"流通渠道全面开启，形势朝着有利方向发展。另外，"校农结合"还逐步覆盖了平塘县全县企（事）业单位食堂。

2. 鼓励农民种植绿色农产品

"校农结合"的启动，加大了平塘县对农副产品的需求量，激发了当地人民对农副产品的生产热情，农民群众的生产积极性得到迅速提高。全县各部门联合发力，形成部门联动，并利用各自的优势来鼓励农民生产，助推"校农结合"的深化推广。农民的思想观念也开始转变。以前，农民生产出来的农副产品找不到销路，或者即使有了销路也会受到重重阻碍。比如农副产品保质期短，对产品的保鲜、运输要求都非常高；销售路径单一，只能通过赶集天销售；并且产品零碎难以集中销售。这些障碍最终难以实现买主和卖主之间的衔接，打击了农民的劳动生产积极性。现在，通过"校农结合"模式，平塘县各单位、各学校对农副产品的需求量快速增长，不仅使老百姓手中的剩余农产品有了销路，更激发了贫困户脱贫致富的内生动力。

平塘县在鼓励农民生产种植方面，采取了多种方法和措施。一是通过政府手段保障农民能有效接受相关的知识和技术培训，政府部门组织相关的技术员对农民的生产种植技术进行高效的指导。平塘县卡蒲毛南族乡邀请县农村工作局农艺师手把手指导群众种植，让群众学会如何种植高产农作物，大大提高了农作物的产量。其中卡蒲毛南族乡依托"校农结合"模式，全乡农产品销售得到了很好的保障。该乡精准施策，种植绿色蔬菜 2200 亩、养殖林下畜禽 10 万头/羽、种植中药材 200 亩、种植食用菌 30 万棒、种植茶叶 1000 亩，养殖母猪 300 头、养殖育肥猪 700 头、养牛 200 头，养殖水产 50 亩、种植精品水果 500 亩、种植菩提 4000 亩。同时，该乡将产业发展和村集体经济有机结合起来，通过"公司＋合作社"的方式，引进妙勺掌柜、康之源等企业，形成全产业链，保障各村既有支柱产业，又有增收产业，助推产业长效发展。目前，全乡实现农村人均可支配收入达 8000 元以上。对农业生产的指导还能有效地确保农产品的质量安全，保证农民生产出来的都是绿色、生态的农产品。除此之外，平塘县人力资源和社会保障局（简称平塘县人社局）不定期组织毛南族聚居村群众进行就业、创业培训。为切实提升少数民族同胞的技能水平，平塘县人社局加大了对培训的投入，按照有关规定组织毛南族同胞参加职业培训。截至目前，全县 19 个毛南族聚居村均开展了至少 1 期培训。

二是搭建良好的生产销售平台，使生产和销售的衔接顺畅。持续良好的销路会形成以销售带动生产的机制，激发农户的生产积极性。要根据市场的需求，将政府的资源有效运用在农民身上，"校农结合"平台的搭建不仅有效满足了市场对原生态绿色农产品的需求，而且为农户解决了农产品的销路问题，让农户不再为农产品的销路发愁，放心大胆地去种植农产品。

三是平塘县按季节定期举办现场集中收购会，每次收购金额均超 30 万元，全年通过各个渠道收购农产品合计金额 2000 余万元，通过"校农结合"，4800 余户农户实现增收，其中贫困户 1690 户，户均增收 4156 元，全面解除了群众农产品销售难的后顾之忧。政府组织收购产品，产品的滞销问题也能得到妥善解决。多渠道的销路更能鼓励农民生产。这些举措也会吸引外出务工的农民工返乡创业，这就从源头上减少了当地的留守儿童数量和孤寡老人数量，既促进了社会和谐又助推了当地社会文明和乡村振兴的发展，实现了农民、政府、企业、家庭等多方共赢的局面。

四是全力支持农村电商业务。在大数据时代背景下，平塘县紧跟时代潮流，利用大数据电商平台为农产品增加了一条有力的销售渠道。

平塘县在产业的培扶上，重点选择畜类和家禽（包括生猪、蛋鸡）、乡村绿色农作物（大米、土豆、蔬菜）等农产品为对象进行培扶，一定程度上推动了各村各寨形成一种专业化的、小有规模的生产基地，可以形象概括为"生猪村""茄子寨""白菜组"等。在基地建设实践路径上，平塘县已建成扶贫点，

食用菌、土豆等种植基地，林下畜禽养殖基地，实用技术技能培训和教师科研成果转化基地等示范点。据不完全统计，黔南州 12 个县（市）都已启动了"校农结合"工作，投入 1.03 亿元建成养殖场 125 个、蔬菜基地 52 个，惠及贫困户多达 7303 户 25488 人，全州的人均收入增加近 3000 元，本地通过"校农结合"渠道采购的农产品比例达到 45％。平塘县是全州的重点帮扶对象，也是取得成效最大的地区。

平塘县还成立了"校农结合"专项领导小组，围绕生产扶持、风险防范支持、流通环节先后出台了一系列文件、方案。例如《平塘县"校农结合"发展养殖业实施方案》《平塘县"校农结合"优质无公害蔬菜基地建设项目实施方案》《平塘县"校农结合"促销农产品助推脱贫攻坚工作实施方案》。通过多渠道统筹安排财政涉农资金，提高资金整合的扶贫针对性，加大政策扶贫力度，增加财政专项扶贫资金定向安排到贫困村的额度，改善贫困村的生产条件，提高产能和产出效益。

3. 强化产销对接，助推"校农结合"

目前，平塘县共有各级各类学校 157 所，在校学生 56729 人，学生食堂每年需要蔬菜约 2150 吨、肉食约 600 吨。该县抓住这个机遇，以学校为切入点，由县教育局牵头，组建了"校农结合"专班，根据各乡镇学生食堂食品需求情况，精准识别大宗农产品品种和数量。同时通过招商引资建立起学生营养餐食品配送中心，并引导贫困户加入"校农结合"合作社，通过财政经费补助、农牧部门技术支持、学校提供市场等方式对贫困户进行扶持，实现了以"销"带"产"，以"产"促"销"，让"校农结合"成为引领脱贫致富奔小康的"龙头"。另外，各个学校学生营养餐配送公司也已经与县内多个蔬菜种植基地签订了采购合同。平塘县在开展"校农结合"工作中，通过不断的探索和实践，积累了一些成功的经验，创造了一些运行模式并取得了初步成效。该县还不断向各大高校征求相关建议和技术，比如向黔南民族师范学院化工学院学习借鉴关于产品质量检测的相关技术，黔南师院也就当地情况采取了相应的帮扶措施。可见"校农结合"使学校和农民实现了互利共赢。

平塘县主要采取"定点采购"的模式完善产品与销售的对接。2018 年以前采取的定点采购模式为直接到扶贫开发点采购农产品，2018 年以后，该县推动了"校农合作"的升级，进一步加强了与农产品流通企业的合作，即通过明确各大高校食堂需求，将配额分给流通企业，企业向指定的贫困地点（以村庄为主）以下订单的方式收购，形成了"高校集团＋流通企业＋农村合作社＋

农民户"的"校农结合"新模式,而且采购方也从学校的食堂以及相关部门单位推广到全校的教职工,直销的范围因此进一步扩大。据有关数据统计,平塘县现有 11 个乡镇街道办通过"校农结合"定点采购渠道,使农产品从田间地头走向学生的营养餐桌。

4. 不断深化"校农结合",助力脱贫攻坚

要实现"校农结合",就要加强各类学校和农户的合作,做到由点及线再到面的结合,增加合作的广度和深度。平塘县在助推"校农结合"助力脱贫攻坚时,始终坚持和学校合作。近年来,平塘县通过持续和黔南民族师范学院等院校合作,依托营养餐配送中心,不断深化"校农结合"。平塘县总结探索出一条"公司+农户+合作社+营养厨房"的"校农结合"新模式,建立起了产、供、销一条龙的产业链条,并在贵州省内率先实现了当地农副产品对全县中小学生营养餐食材的全覆盖,帮助贫困户实现增收。

平塘县为确保农户生产出绿色健康的农产品,保证收购到的农产品符合标准,不仅指派专业人员下乡指导农民种植,还鼓励收购方建立农药残留检测机制,对收购的每一批农产品实施严格的质量检测,并且将检测得到的数据上传到黔南州粮油质量检测中心备案,以此确保农产品的质量。"校农结合"的绿色产品不仅满足了学生对于学校营养餐的需求,保障了学生的食品安全,还覆盖了平塘县的企(事)业单位。在食材加工处理方面,平塘县积极建设"校农结合"农产品加工园区,引进贵州知名农产品企业,如贵州妙勺掌柜食品有限公司等企业入驻,还结合当地出产的食材开发研制卤制品、辣子鸡酱等特色美食,通过"校农结合"渠道一并销售出去,增加了农产品的附加值。

平塘县在深化"校农结合"的过程中,以定点村"校农合作"成功经验示范引领带动周边村,帮助周边村制订产业发展规划,促进产业转型升级,形成一股股合力,全面激活了平塘县"校农结合"的生命力,也拓宽了脱贫致富奔小康之路。

(三)卡蒲毛南族乡"校农结合"实施情况

按照《贵州省人口较少民族聚居行政村率先实现全面小康行动计划》(黔府办函〔2014〕83 号)和《贵州省人民政府扶持人口数量较少民族贫困村整体脱贫实施方案》(黔府办函〔2016〕252 号)文件要求,黔南民族师范学院负责帮扶平塘县卡蒲毛南族乡新关村和摆卡村两个一类贫困村,在帮扶实践

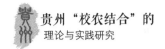

中，结合学校和帮扶对象的实际情况，创建了"定点采购、产业培扶、基地建设、示范引领"的"校农结合"扶贫模式，把"扶贫"与"扶志""扶智"结合起来，使"精准脱贫"与"教育教学"协同发展、取得双赢。这套扶贫模式以解决实际问题为导向，真正做到了"精"和"准"，对打赢精准扶贫攻坚战以及提高教育教学水平，都具有较好的实践意义和参考价值。

贵州"校农结合"精准扶贫模式自 2017 年 3 月在黔南州平塘县卡蒲毛南族乡诞生以来，不断发展并在全省迅速推广，对推动农村产业革命、脱贫攻坚及乡村振兴产生了积极影响。为摸清卡蒲毛南族乡"校农结合"实施的基本情况，找准实施过程中存在的问题和不足，调研组通过实地走访、典型调查、专家采访等多种形式，对这里进行了深入调研。

1. 卡蒲毛南族乡概况

卡蒲毛南族乡是贵州省黔南州平塘县下辖的一个少数民族乡，全乡辖 6 个村 52 个组 125 个自然村寨，3030 余户，总人口 1.341 万人。辖区总面积 108.2 平方公里，属亚热带季风性湿润气候，典型的喀斯特地貌，森林覆盖率 66.37%，年降雨量 1280 毫升，无霜期 320 天，日平均气温 18.5 度，平均海拔 850 米。该乡以农业经济为主，主要农产品有生猪、鸡蛋、大米、玉米、土豆、番薯、大豆、辣椒等，主要经济作物有金银花、蓝莓、核桃、桉树、花椒、油茶、板栗、葡萄、杨梅、养心草、椿树、何首乌等，养殖业以生态羊、鸽、蛇、牛、能繁母猪等为主，名特产品有卡蒲毛南醇美酒、卡蒲毛南土布床单、刺绣、鸽蛋、老绵烟等，主要矿产是煤炭，兼有方解石、硫铁矿、铅锌矿、高岭土等。

卡蒲毛南族乡是我国唯一的毛南族乡，民族构成为毛南族、布依族、水族、侗族、壮族、苗族，其中毛南族人口占总人口的 97.9%，为世居民族。该乡民间艺术多姿多彩，文化底蕴浓郁深厚。有"活化石"美称的"猴鼓舞"闻名遐迩，已被国家列入非物质文化遗产保护名录；该乡妇女制作的高 3.89 米、底部周长 9.95 米的"虎头帽"，被吉尼斯世界纪录有限公司认证为世界上"最大的虎头帽"；该乡有火把节、迎春节、女儿节等民族节日，还有舞火龙、毛南山歌、迎宾拦门歌、粑棒舞等民族歌舞，刺绣、建筑、雕刻等民族工艺远近闻名。但同时该乡也是贫困乡，共有 748 户、2425 名贫困群众，是国家"十一五""十二五"期间重点帮扶的人口较少的民族乡之一。

2. 研究背景与理论基础

（1）卡蒲毛南族乡"校农结合"产生的背景

为推动平塘县人口较少民族聚居村经济社会发展，认真贯彻落实习近平总书记关于"全面建成小康社会，一个民族都不能少"的重要指示精神，按照贵州省委书记孙志刚"产业扶贫要创新产销对接机制，建立稳定的销售渠道，实现流通环节重大突破"的重要指示精神，黔南民族师范学院结合学校与卡蒲毛南族乡的实际情况，创建了"校农结合"扶贫模式，即在定点帮扶过程中，前者利用高校人力、智力优势和师生饮食对农产品的需求，与后者建立了"高校＋流通龙头企业＋农村合作社＋农户"的农产品产销对接机制，形成了稳定的销售渠道，并积极与地方党委政府联合，整合资源，扶持贫困村贫困户发展产业，建立示范生产基地，引领带动助推脱贫攻坚，形成"定点采购、统筹配送、产业培扶、基地建设、示范引领"的"校农结合"模式。

（2）"校农结合"的理论基础

①五个体系

习近平总书记提出建立"五个体系"：要建立源头培养、跟踪培养、全程培养的素质培养体系；要建立日常考核、分类考核、近距离考核的知事识人体系；要建立以德为先、任人唯贤、人事相宜的选拔任用体系；要建立管思想、管工作、管作风、管纪律的从严管理体系；要建立崇尚实干、带动担当、加油鼓劲的正向激励体系。"五个体系"涉及干部培养、干部考核、干部选用、干部管理、干部激励这五个方面的工作，是组织部门加强干部管理的重要内容。

②五步工作法

赫伯特·西蒙将"五步工作法"定义为决策和解决问题的过程。五步工作法的内容包括寻找问题、发现问题、公开问题、解决问题、责任追究。在西蒙五步工作法的基础上，贵州省委书记、省人大常委会主任孙志刚结合贵州脱贫攻坚实践，立足贵州实际，总结完善了政策设计、工作部署、干部培训、督促检查、追责问责的五步工作法。

③产业革命"八要素"理论

2019年是全国脱贫攻坚决战之年，重点要打好"四场硬仗"，其中最难的是产业扶贫。贵州省委书记、省人大常委会主任孙志刚指出，要来一场振兴农村经济的深刻的产业革命。推动产业扶贫和农村产业结构调整取得重大突破，

必须把握好贵州农业产业革命"八要素"与"三个革命",形成指导全省推进农业产业革命的一个完整体系。农业产业革命"八要素"既是目标任务,又是方法措施。产业革命"八要素"即选择产业、培训农民、技术服务、筹措资金、组织方式、产销对接、利益联结、基层党建,这八个方面不可或缺,是当前全省上下正在如火如荼进行的农业产业革命的必要环节和重要方法,是推进农业产业革命向纵深发展的具体实践过程和实现形式。同时,要在转变思想观念上来一场革命,在转变产业发展方式上来一场革命,在转变作风上来一场革命。

3. 卡蒲毛南族乡"校农结合"基本现状

贵州省从 2017 年秋季学期开始实施教育扶贫"1+N"计划,全面启动了"校农结合"定向采购农产品工作,把开展"校农结合"工作作为深入推进全省教育精准扶贫的创新举措和打赢教育脱贫攻坚战的重要突破口。2017 年 3 月,黔南民族师范学院党委前书记邹联克在扶贫工作部署落实会上首次提出要探索"校农结合"扶贫模式,定点帮扶卡蒲毛南族乡脱贫发展。经实践探索,形成了"定点采购、产业培扶、基地建设、示范引领"的扶贫模式。

(1)"校农结合"的经典模式

①定点采购

黔南民族师范学院根据学校对农产品的需求情况,结合卡蒲毛南族乡现有农产品生产储备实际,与新关村和摆卡村签订了长期的农产品定点采购合同,并在卡蒲毛南族乡创立了"校农结合"农产品配送中心,通过与种养大户、协会、农村合作社对接进行收货,重点采购生猪、鸡蛋、大米、土豆、绿色蔬菜等当地优质农产品(以都匀市育英巷农贸市场市价为指导价)。黔南民族师范学院现有师生 1.3 万余人,食堂每天消费猪肉、蔬菜、大米等农产品 10 余吨,每年最少需要采购价值 8000 万元以上的农产品。因新关村、摆卡村两个一类贫困村生产的农产品远不能满足学校需求,黔南民族师范学院一边组织扶持两个村的贫困户做大规模、形成产业,另一边将定点采购地拓展到卡蒲毛南族乡场河村等其他贫困村。

学校为解决农产品销路问题,动员全校 45 个部门的力量开展采购活动,采购产品以鸡肉、鸡蛋为主。(见表 5-1)2018 年 2 月 7 日单日采购农产品金额约 1.37 万元(在 15 个二级学院中,有 12 个二级学院参与采购。其中文学与传媒学院采购农产品最多,采购金额达 4824 元,人均采购额 100.5 元)。截至 2018 年 9 月来看，2018 年 4 月 25 日单日采购农产品金额最多，约 4.32 万元（15 个二级学院共同参与采购，较 2 月 7 月的采购额增加了近 3 万元。人均采购额 73.45 元，其中，外国语学院采购农产品最多，采购金额为 6802.20 元）。2018 年 9 月 6 日单日采购农产品金额约 1.67 万元（其中美术学院当日采购农产品最多，采购金额为 2745 元）。

除上述各二级学院外，黔南民族师范学院各行政部门职工积极参与农产品采购。（见表 5-2）2018 年 2 月 7 日共有 19 个行政部门采购农产品，采购金额达 1.57 万余元。其中，党政办采购农产品最多，采购金额为 2794 元，占 2 月 7 月采购总额的 17.75%。2018 年 4 月 25 日共有 30 个部门参与采购，采购金额为 2.88 万元。其中党政办采购农产品最多，采购金额为 4851.58 元，占 4 月份采购总额的 16.82%。2018 年 9 月 5 日有 27 个部门参与采购，采购金额约为 1.04 万元。其中总务处（后勤中心）采购的农产品最多，采购金额为 1710 元，占 9 月 5 日采购总额的 16.45%。

表 5-1 2018 年黔南民族师范学院各二级学院定点采购卡蒲毛南族乡农产品情况

学院名称	第一次（2月7日）		第二次（4月25日）		第三次（9月6日）	
	总金额（元）	人均采购金额（元）	总金额（元）	人均采购金额（元）	总金额（元）	人均采购金额（元）
外国语学院	1063.00	21.26	6802.20	136.04	90.00	1.80
音乐舞蹈学院	482.00	8.90	5788.76	107.20	1620.00	30.00
化学化工学院	1024.00	20.00	4695.60	92.07	1755.00	34.40
数学与统计学院	449.00	13.50	4403.00	119.00	1845.00	49.90
文学与传媒学院	4824.00	100.50	4171.30	86.90	1755.00	36.50
历史与民族学院	0.00	0.00	3124.00	76.20	225.00	5.48
体育学院	324.00	7.20	2714.00	60.31	315.00	7.00
预科教育学院	0.00	0.00	2599.69	136.83	1215.00	63.90
计算机与信息学院	740.00	21.10	2436.69	69.62	1305.00	37.28
教育科学学院	640.00	16.41	1950.00	50.00	900.00	23.07
美术学院	383.00	7.50	1592.30	31.22	2745.00	53.82
旅游与资源环境学院	1566.00	40.15	1435.70	36.81	315.00	8.07
物理与电子科学学院	1988.00	52.31	1376.58	36.23	90.00	2.36

学院名称	第一次（2月7日）		第二次（4月25日）		第三次（9月6日）	
	总金额（元）	人均采购金额（元）	总金额（元）	人均采购金额（元）	总金额（元）	人均采购金额（元）
经济与管理学院	0.00	0.00	1316.00	32.90	1170.00	29.25
生物科学与农学院	257.00	6.42	1214.00	30.35	1305.00	32.63
总计/人均采购金额	13740.00	21.02	45619.82	73.45	16650.00	27.70

表5—2　2018年黔南民族师范学院各行政部门定点采购农产品情况

2月7日		4月25日		9月5日	
部门	采购金额（元）	部门	采购金额（元）	部门	采购金额（元）
党政办	2794	党政办	4851.58	总务处（后勤服务中心）	1710
宣传部	2035	图书馆	2399.48	党政办	1620
审计处	1322	马列主义教学部	2097	宣传部	765
国资处	873	教务处	2023	科研处（院士工作站）	675
图书馆	872	保卫处	1785	离退休工作处	540
工会	872	人事处（教师工作处）	1559.4	人事处（教师工作处）	450
学生资助中心	740	总务处（后勤服务中心）	1526.08	国资处	450
教务处	700	团委	1262	工会	405
组织部	690	研究生处	1012.8	对外合作交流处	405
人事处（教师工作处）	658	离退休工作处	1011	组织部	360
招生就业处	641	科研处（院士工作站）	891	招生就业处	360
科研处	582	国资处	877	学生资助中心	315
《师院学报》编辑部	515	宣传部	827.3	《师院学报》编辑部	315
发展规划处	416	学工（部）处	812	教务处	270

2月7日		4月25日		9月5日	
质评办	391	实验实训中心	800	西南办	270
研究生处	324	《师院学报》编辑部	701.5	计划财务处	225
纪委	316	组织部	679.8	学工（部）处	180
学生处	258	民研中心	563.16	研究生处	180
保卫处	225	对外合作交流处	513	图书馆	180
		发展规划处	413	团委	135
		基建处	379	马列主义教学部	135
		学生资助中心	347	纪委	90
		继续教育学院	318.2	基建处	90
		工会	300	民研中心	90
		纪委	268	实验实训中心	90
		计划财务处	170	质评办	45
		质评办	153.5	发展规划处	45
		审计处	132		
		统战部	100		
		招生就业处	59		
总计	15739	总计	28831.8	总计	10395

当前，黔南民族师范学院的农产品采购以"直接采购＋配额换订单＋线上下单、线下配送"为主。直接采购分为"现场集中采购"与"常规采购"两种形式。"配额换订单"由为学校服务的两家餐饮公司按周期需求量，采取"配额（数量、品种）＋第三方＋公司＋合作社"的形式，实现最大限度的收购。"线上下单＋线下配送"即"校农结合预约直销平台＋农产品＋孵化中心＋农产品展示厅"，这一流程实现田园农产品到校园再到餐桌。

②产业培扶

为推动卡蒲毛南族乡产业发展，黔南民族师范学院立足当地资源、经济、民情等情况，根据学校需求，引导贫困村调整产业结构。通过农村合作社（协会）把贫困户与大户、企业、公司联合起来，实施产业帮扶措施，将定点采购与各村的种植、养殖特色习惯相结合，选择生猪、鸡蛋、大米、土豆、绿色蔬

菜等当地优质农产品作为重点产业培扶，引导贫困村根据学校需求调整种植、养殖结构，推动"一村一品"产业模式的形成。"校农结合"根据学校对农产品的需求，引导贫困农户适当调整产业结构，实现从"种什么、卖什么"到"要什么、种什么"的转变。农村合作社将重点培育 3~4 种当地优质农产品，这不仅有利于技术培训、产业集中，也有利于"一村一品"的形成。如卡蒲毛南族乡的亮寨村 2017 年下半年压缩辣椒的种植、鸡的养殖，生产率较 2016 年年底分别减少 25％和 12.5％，但其优势品种生猪、萝卜的生产率，则大幅度增长 173.73％和 200％。可见有选择、专业化的生产，大大提高了贫困村的种植、养殖水平和质量，贫困农户要想得到"校农结合"的实惠，就必须调整生产结构，坚持"有所为，有所不为"的原则。

高校可以利用智力优势，发挥学校科研优势，与地方党委、政府及其部门联动，整合各方要素资源，结合当地资源特点和科技发展项目，实施产业培扶、销产结合，帮助毛南族聚居村积极引进、培育新型科技产业，助推产业发展。2017 年 8 月 3 日，黔南民族师范学院对新关村和摆卡村的产业发展规划、脱贫致富路径、生猪配套养殖技术，对长顺县紫红龙葡萄引种推广示范技术和蔬菜栽培配套技术等 5 个项目进行招标申报，最终按照公平、公正、择优、分类评价的原则，经过专家评审，黔南民族师范学院逄礼文、陈佳湘、王润平、莫光友和刘丽萍等五位教师分别领衔的五个项目获得立项。下一步，卡蒲毛南族乡还将利用"互联网＋"手段，通过"校农结合"农产品配送中心，积极探索"线上下单、线下配送"模式。

高校可以提供决策咨询，助推贫困村发展民族文化旅游业。要充分发挥"智囊团""思想库"的作用，结合重大经济社会问题和黔南民族师范学院重大课题研究，对毛南族聚居区经济社会发展、民族文化建设、乡村旅游发展、生态文明建设等方面开展专题研究，积极为地方政府的发展规划和公共政策的制定建言献策，提供决策咨询服务。学校积极开展文化下乡、民族文化研究、民族传统体育项目研究、乡村旅游开发等精准帮扶工作，助推卡蒲毛南族乡民族文化旅游业的发展。按照平塘县的发展定位，要把卡蒲毛南族乡打造为中国毛南族第一乡、贵州最具魅力的毛南民族风情小镇。为助推这一发展目标实现，2017 年 5 月 1 日，黔南民族师范学院与卡蒲毛南族乡签订了文化旅游扶贫帮扶协议，确定在导游培训、旅游线路规划、旅游产品策划营销、毛南族文化研究等方面开展合作，并设立民俗学田野调查基地，希望通过利用学校资源优势，进一步保护、挖掘、研究、传承、发展毛南族文化，因地制宜地把该乡打造成我国乡村民族文化旅游示范点。当前黔南民族师范学院正在帮助该乡建设花化、香化、彩化的"花香卡蒲·母性毛南"AAA 级毛南风情旅游小镇。2017 年 5 月 26 日，黔南民族师范学院科研处到该乡指导农村合作社开展知识产权申报工作，分别对该乡特色产品"刺梨米酒"和"姜草养生茶"如何运用科技手段开展产业发展规划、生产与加工、包装设计、商标与品牌及市场运作进行指导，特别是对两种产品如何申请国家专利保护和地方标志产品的问题进行了详细解说，助力挖掘和保护毛南族特色资源，推动该乡民族文化旅游业的发展。

黔南民族师范学院充分发挥高校科研优势，结合当地资源特点，发展科技农业项目，建立农残检验综合实验室，引导农民培育高端优质农产品，发展高质量农业。2017 年 8 月 3 日，黔南民族师范学院对新关村、摆卡村进行了产业发展规划。2017 年 8 月 15 日，通过"校农结合"渠道，卡蒲毛南族乡第一批粮食共 2700 余斤进入深圳市场。2018 年，学校将"互联网+"与"校农结合"农产品配送中心相结合，发展"线上订单、线下配送"模式，扩展销售市场。同时，黔南民族师范学院与卡蒲毛南族乡政府密切合作，建设高标准卡蒲毛南族乡旅游产品产业园区，引进了贵州妙勺掌柜食品产业园、贵州兴源记农业发展有限公司、平塘县玉水五粮有限公司、贵州康之源民族产业发展有限公司等公司，对农产品进行深加工，提高农产品附加值。利用卡蒲毛南族乡的特色资源发展民族旅游与民族手工艺品，打造卡蒲毛南族特色旅游品牌。

③基地建设

2018 年，黔南民族师范学院为打造"校农结合"升级版，推动教育教学改革，在卡蒲毛南族乡建设了 3 个产学研基地（教育培训基地、教师科研成果转化基地、大学生暑期社会实践基地），培训乡村干部 100 余人次，开展大学生暑期社会实践 90 余次；与当地政府共同推进两大规模性商品蔬菜基地（河中村者街组蔬菜基地、亮寨村翁弄组蔬菜基地）和新关村关上组食用菌基地建设。目前，新关村 600 亩蔬菜种植基地、800 亩黔茸食用菌种植基地和摆卡村350 亩蔬菜种植基地也初具规模。

"提高主要农产品市场竞争力，提高农业农村自我发展、自我积累能力，为实现乡村振兴、产业兴旺打下坚实基础。"① 2019 年为巩固和扩大"校农结合"成果，黔南民族师范学院投资 100 万元，由生农学院牵头建设 200 亩"校农结合"种植示范基地，致力于科技、绿色原生态的特色农产品生产，深化农业供给侧改革，提高农产品质量，增强农产品市场竞争力，发挥高校人才、智

---

① 孔祥智.产业兴旺是乡村振兴的基础 [J].农村金融研究，2018（2）：9-13.

力、技术资源优势，打造可参考、可复制、可推广的农产品生产示范基地。建立科研试验基地或农业体验区，借助基地和体验区建设，开展农业观光体验游以及提供技术咨询服务、开展技术推广、推动新品种引进及改良。选派科技顾问、科技指导员到定点村进行帮扶工作，广泛开展科技人员到户指导，为毛南族聚居村经济发展提供科技支撑。

2017年3月24日，黔南民族师范学院选派校内符合相关产业需求的科技专家与平塘县"三农科技服务团"团长毛海立教授等组成"校农联合专家组"，对贫困村进行蹲点指导。自"校农结合"启动以来，黔南民族师范学院相关科技专家如"校农联合专家组"技术组组长、科研处处长杨再波教授、生物科学与农学院郭治友教授、化学与化工学院院长邹洪涛教授、葡萄种植专家莫兴友等多次到该乡新关村、摆卡村开展农业技术帮扶活动，对村内四季桃、梨、蔬菜的种植及生猪饲养情况等进行深入调查，并现场指导村民解决在种植蔬菜水果、养猪养鸡、防治病虫害等方面遇到的技术问题。目前，该乡正在如火如荼地建设特色蔬菜示范种植基地、产学研实践基地、生猪"产学研"养殖基地等科研试验基地，通过培养和提升该乡农业生产的专业度，助推该乡及其他毛南族村实现整体脱贫攻坚。

建立教育培训基地。坚持"扶贫"与"扶智"相结合，充分利用学校的教育资源，做好智力扶贫工作，通过开展职业教育培训，加快培育农村自有人才和专业人才。

一是建立教师培训基地，派出师资力量到该乡培训教师队伍，对于中小学教师更新教学理念和教学方式、提升教学质量和教学水平具有重要的引导和促进作用，最终实现为该乡培养出一批业务过硬、教学理念先进、综合素质全面的师资队伍的目的。2017年4月以来，黔南民族师范学院多次组织专家学者前往该乡中小学开展教育帮扶活动，通过听课、议课、讲座、座谈等方式，对该乡教师队伍进行一系列教育培训，如2017年4月20日，陈凌教授为新关小学的全体教师做了名为"乡村教师专业发展的困境与出路"的讲座，就如何提高教师的专业能力和学生的学习能力进行了详细的阐述。6月8日，谢治州教授和彭乃霞教授分别为卡蒲毛南族乡中学的全体教师做了"信息技术在教学中的应用"和"中小学教师如何开展教学研究"的专题讲座，分别就教学设计、课件制作的要求和技巧及基础教育课题的选题、申报书的撰写等进行了详解和指导。12月8日，黔南民族师范学院学工处和心理咨询中心前往卡蒲毛南族乡各所中小学对学生开展"冬日暖心 关爱健康"心理健康教育系列活动，并对全体教师进行了心理健康教育师资培训。

二是对该乡的毛南族学生实行重点帮扶。黔南民族师范学院在帮扶期内，将对在该校就读的定点村贫困毛南族学生适当减（免）学杂费，为其提供勤工助学岗位，同时在同等条件下优先录取定点村学生。

建立大学生社会实践基地。充分发挥学校共青团和各类学生社团组织的作用，组织学生志愿者前往该乡开展支教支农、大学生社会实践、科技文化"三下乡"等志愿服务。黔南民族师范学院在卡蒲毛南族乡中小学挂牌成立了教学实习基地，并定期组织相关专业学生到基地实习。

2017 年 4 月 12 日，黔南民族师范学院选派了两名优秀学生党员志愿者到新关小学担任英语老师，结束了新关小学没有英语课的历史。2017 年 11 月 2 日，黔南民族师范学院充分发挥"双语班"和少数民族学生社团优势，从在校 8000 多名少数民族学生中，优选 32 名布依族、苗族、水族、毛南族等少数民族口语流利的优秀大学生组成"党的十九大精神"宣讲队，远赴少数民族村寨，用少数民族语言宣讲党的十九大精神。首次宣讲地址选在新关村、摆卡村两个一类贫困村，队员们通过图片展示、民歌说唱、黑板书写等方式，把时事、政策、理论变为通俗易懂的民族语、百姓话，让村民都能听懂党的声音，从而坚定战胜贫困的信心。建立大学生社会实践基地，不仅能够助推该乡脱贫攻坚，还能让学生参与到贫困乡村经济与社会发展建设中去，有利于学生更加了解农村、热爱农业、热爱少数民族，从而激起学生的艰苦意识、责任意识、担当意识和民族感情。

搭建"互联网+利农惠农信息化平台"。充分利用学校的平台优势，以毛南族聚居村为试点，开展农村电子商务的平台搭建服务与指导。黔南民族师范学院通过与贵州绿色农产品流通控股有限公司合作，在地方政府和省农业厅领导下，建立了区域高校"校农结合"联盟，搭建农产品统一配送平台，实行互补供给，并率先在校内设立"校农结合"预约直销专柜，线上订单，线下配送，定销该乡的原生态绿色食品。下一步黔南民族师范学院还将在地方政府和教育部门支持下，带头建立"校农结合"高校集团，通过与流通企业合作，建立"集团联合定点采购＋配额换订单统筹配送＋整合资源建基地培扶产业"的"校农结合"模式升级版。还将开发"校农结合预约直销平台"，通过手机 App 实现线上订单、线下配送，推动"校农结合"高端农产品的销售。

除上述基地以外，黔南民族师范学院目前还在积极建设实用技能培训基地、教师科研成果转化基地和体育基地示范点。下一步将围绕平塘县毛南族聚居地的现代农业生产技术、养殖技术、农产品深加工及精加工技术、就业创业等方面对毛南族群众开展技能培训；围绕学校科研成果，将科研优势转化为服

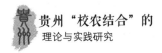
务地方经济发展的生产力；如围绕者密镇四寨片区斗牛文化，开发各种民俗体育活动，推动体育经济和旅游业的发展。

此外，为保障定点采购农产品的安全，黔南民族师范学院与贵州省农委、黔南州和平塘县食品药品安全监督管理部门、卡蒲毛南族乡政府等有关部门对接，2017 年 7 月 27 日该乡建成贵州省第一个 "校农结合" 农残检测综合实验室，该实验室集农产品农药残留物检测、土壤检测、病虫害检测、科研试验为一体，实验室的检测设备已经接入 "黔南州食品药品安全智慧监管系统"，检测数据将会第一时间上传到黔南州食品药品安全检测数据处理中心，检测合格的农产品将被直接运送到学校，不合格的农产品由黔南州食品药品监督管理局依规依法处理。定点采购不仅促进了卡蒲毛南族乡农产品的流通，促进了贫困农户增收，推动了当地产业发展，同时还有利于学校获得有质量保证的绿色农产品，为下一步产业培扶、基地建设奠定了坚实的基础，是一项既有利于农户又有利于师生的 "多赢" 举措。

④示范引领

卡蒲毛南族乡作为 "校农结合" 的发源地，在黔南民族师范学院与当地政府的努力帮助之下，通过对定点采购、产业培扶、基地建设等工作的推进，"校农结合" 助推脱贫攻坚和乡村振兴取得了显著成效。

黔南民族师范学院通过帮扶定点村进行产业规划，以定点村示范带动周边村，帮助卡蒲毛南族乡做好产业发展规划和产业升级，加快发展特色优势产业，实施 "一村一品" 产业培育。重点围绕种植养殖业、农林牧业、乡村旅游业，帮助引进、打造、推广脱贫致富重点项目，提升现代农业发展水平。根据整体脱贫规划和项目规划实施情况，及时组织专家评估，不断完善不同时期的具体内容，以提高项目的针对性和现实效能。黔南民族师范学院下一步将紧紧围绕 "购产品是基础、扶产业是根本、建基地是平台、做示范是保障" 深入推进 "校农结合"，逐步做到 "三个推广"，即以摆卡村和新关村为重点，逐步推广到卡蒲毛南族乡其他村寨；以卡蒲毛南族乡为重点，逐步推广到者密镇；以卡蒲毛南族乡和者密镇为重点，全面推广到平塘县所有毛南族村寨，并持续不断地扩大规模、深化内涵、拓宽外延，不断拓展 "校地合作"，全面推动 "校农结合"，致力于毛南族聚居地区整体脱贫。

在 "校农结合" 模式的示范带动下，安顺学院采取 "学校＋企业＋基地＋农户" 模式开展 "校农结合" 工作；贵州师范学院携手地方合作社，开设直销超市推动 "校农结合" 工作；贵州大学采取 "学校＋公司＋合作社＋农户" 的模式推进 "校农结合" 工作。2018 年 3 月，贵州 "校农结合" 联盟成立。黔南民族师范学院"校农结合"扶贫模式经中央、省级主流媒体报道后,在全国引起了强烈反响,凯里学院、四川省部分高校、内蒙古扶贫办、呼伦贝尔学院等均前来学习取经(详见表5-3和表5-4)。

表5-3 2017—2018年有关"校农结合"的媒体报道

2017年	"校农结合"宣传工作力度不断加强,营造良好的舆论氛围
	"校农结合"得到贵州省委领导书面批示和大会点名表扬
2018年	2月13日,孙志刚书记批示"校农结合"符合贵州实际,一仗双赢
	4月9日,孙志刚书记批示"成效明显,潜力很大,望再接再厉,不断深化,不断取得新的成绩"
	6月23日,贵州电视台报道《校农结合——产销对接,一仗双赢》
	7月15日,多彩贵州网以《黔南师院"校农结合精准扶贫"模式"闪亮"走向全国》为题报道学校"校农结合"模式
	7月18日,《贵州日报》报道《黔南师院着力培养脱贫攻坚生力军》
	7月24日,多彩贵州网以《黔南师院暑期"服务脱贫攻坚"实践活动如火如荼》为题报道学校开展扶贫攻坚和民族双语宣讲党的十九大精神工作的活动
	8月28日,《贵州日报》刊发文章《乡村振兴要在关键环节练大功夫》。《当代贵州》第27期刊发文章《黔南乡村文化振兴之路》
	8月30日,《贵州日报》和今贵州新闻网分别报道《黔南民族师范学院对接平塘县卡蒲毛南族乡"校农结合"助推高质量农产品"走出去"》
	9月28日,《贵州政协报》报道《"扶志"与"扶智"有机结合——黔南民族师范学院"校农结合"助推脱贫攻坚》
	10月24日,中国教育电视台报道《农产品销售成常态,"校农结合"引增收》

表5-4 2018年黔南民族师范学院打造"校农结合"升级版

	内容	成效
供给改革	引导贫困村供给侧改革,加快帮扶村产业形成壮大	有待观察

续表5—4

	内容	成效
需求改革	加大配额换订单配额量、建立教职工预约直购平台，切实解决贫困户对高端原生态农产品的"卖难"问题	建立"集团定点采购＋配额换订单统筹配送＋整合资源建基地培扶产业"的"校农结合"升级版；形成"高校集团（联盟）＋流通龙头企业＋农村合作＋农户"运营模式，形成"学校食堂＋农村合作社＋农户"直接运营模式，形成"教职工＋预约直销平台＋物流公司＋农户"配送模式 开通手机版"校农结合预约直销平台"，人们可通过App线上、线下订单；建立"中国农校对接服务网"，实现网上订单、支付、交易、融资、第三方认证
文化扶贫	开展毛南族文化项目研究，打造毛南族文化精品旅游路线 开展少数民族地区乡镇"双语"培训，推进"双语"教学发展，开展中小学教师培训，推进文化产业帮扶	在平塘县举行扶贫点乡村工作人员"双语"能力培训班，参训教师和参训人员37人 打造"校农结合"民族文化品牌
技术扶贫	推选专家"手把手"生产技术培训，实现产业技能全覆盖	建成校内"校农结合"孵化中心、扶贫点等新的产业示范基础 建设农业示范基地，开展种养殖业技术培训现场教学、田间示范，把教育扶贫与"志智双扶"结合起来 生农学院到新关村建设蔬菜、紫王葡萄种植示范基地并现场指导栽培技术，化工学院在摆卡村建设生猪养殖示范基地
党建扶贫	拟筹拍"校农结合"微电影，扩大"校农结合"党建扶贫影响力	采取新一轮党建结村帮扶贫困户家庭措施 为卡蒲毛南族乡小学住校生捐赠床上用品，开展"学生心理健康咨询活动"，为卡蒲毛南族乡小学、新关村小学绘制价值8万元彩色墙，面积达600平方米 校团委组织"三下乡"社会实践服务团在摆卡村捐款6000余元建立"'志智双扶'农家书屋"开展"'校农结合'文艺帮扶"活动 15个二级学院和6个机关党支部41名党员赴摆卡村、新关村、场河村21户贫困户深入开展走访调研
助力乡村振兴	积极帮助定点村搞好综合规划，推进乡村振兴战略实施	有待观察

	内容	成效
干部扶贫	加强对"校农结合"的领导,增派帮扶力量,提高精准扶贫水平	省教育厅以"校农结合,助力精准扶贫"为题介绍贵州"校农结合"工作经验成效,突出黔南民族师范学院"定点采购、产业培扶、基地建设、示范引领"助推精准扶贫的经典模式和做法

（2）"校农结合"带动卡蒲毛南族乡农业发展

2017年3月，黔南民族师范学院定点帮扶新关村、摆卡村两个一类贫困村，利用学校人才、知识、技术、市场等资源优势，采取"学校+政府+公司+合作社+基地+农户"的运营模式，在卡蒲毛南族乡设立农产品收购点，通过"配额换订单"将卡蒲毛南族乡的农产品直接销售到学校后勤食堂，并以高于市场价的价格向农户收购农产品，以解决农户农产品销售难、价格低的问题。

随着"校农结合"销售新平台的搭建，农产品销售渠道和市场风险的降低，农户发展产业的信心不断提高，农业产业化、规模化发展逐渐成形，推动了卡蒲毛南族乡农业产业结构的调整，深化了农业供给侧改革。2017年以前，卡蒲毛南族乡农业种植以水稻、玉米、油菜为主，农产品品种较单一；2017年以后，卡蒲毛南族乡农业种植以白菜、莴笋、萝卜、莲白、辣椒为主，并发展蛋鸡、生猪等家禽和家畜养殖业，扩大优化农业产业结构，形成种植养殖业共同发展的格局（详见表5-5）。

表5-5　卡蒲毛南族乡2017年以来产业发展情况

行政村	主要发展产业	产业发展模式	部分产业种植面积和养殖数量	备注
新关村	辣椒、豇豆、茄子、黔茸、土豆、荷兰豆、萝卜、蛋鸡、生猪	合作社+协会+农户	2018年，种植辣椒100.2亩，豇豆390亩、茄子120亩、黔茸50亩、荷兰豆400亩、萝卜300亩，散养绿壳蛋鸡10000羽，存栏生猪500头	种植大户（葡萄、梨子）预计2019年将建立560亩的蔬菜水果基地，200亩是黔南民族师范学院示范基地，田地流转700元/亩，土地流转350元/亩

行政村	主要发展产业	产业发展模式	部分产业种植面积和养殖数量	备注
摆卡村	黄牛、蛋鸡、蔬菜	公司＋合作社＋农户＋村支部	2018年建设两个养牛基地、一个蛋鸡养殖基地、25亩蔬菜育苗中心	拥有50头牛的养殖大户共有两个养殖场，投资50万建设蛋鸡养殖带动25户贫困户，投资160万建设蔬菜育苗中心
河中村	萝卜、白菜、莴笋、柠檬草、无患子、辣椒、金银花、桉树、眼镜蛇	公司＋合作社＋基地＋农户	2017年建成金银花基地800亩、桉树基地720亩，养殖眼镜蛇1.2万条	预计以后发展果园
甲坝村	黑猪、白萝卜、马铃薯、水稻、玉米、高粱、油菜、贡柚、红香椿、核桃、金银花、乌骨鸡、百香果、贡柚、烤烟	公司＋基地＋农户	2017年种植红香椿250亩、核桃600亩，金银花120亩，养殖乌骨鸡3000羽，2018年种植百香果50亩、贡柚200亩、烤烟100亩，养殖生猪350头。	200亩贡柚带动26户脱贫，蛋鸡和核桃园带动25户脱贫，烤烟100亩带动3户脱贫，350头生猪由两三户农户合作养殖
亮寨村	萝卜、莴笋、莲白、蓝莓、水稻、玉米、油菜、高粱、核桃、金银花、红香椿、乌骨鸡、生猪	合作社＋农户＋公司＋基地	2018年种植萝卜200亩、莴笋130亩、莲白20亩、蓝莓700亩	2018年70吨的莴笋病坏，20～25吨的萝卜滞销
场河村	水稻、玉米、高粱、油菜、金银花、蛋鸡、肥牛、辣椒	公司＋合作社＋农户合作社＋农户	2018年蔬菜种植面积为540亩，养殖蛋鸡180万只、养殖100头肥牛	种植大户的辣椒种植面积为30亩、100头肥牛的养殖带动了20户贫困户脱贫，180万蛋鸡养殖带动了90户贫困户脱贫

表5－5显示，2017年，河中村种植金银花800亩，桉树720亩，养殖眼镜蛇1.2万条；甲坝村种植红香椿250亩、核桃600亩、金银花120亩，养殖乌骨鸡3000羽。

2018年，新关村种植农作物共1360亩，散养绿壳蛋鸡10000羽，存栏生猪 500 头；摆卡村建设两个养牛基地、一个蛋鸡养殖基地，并投资 160 万建设 25 亩的蔬菜育苗中心；甲坝村种植百香果 50 亩、贡柚 200 亩、烤烟 100 亩，养殖生猪 350 头；亮寨村蔬菜种植共 350 亩，种植蓝莓 700 亩；场河村蔬菜种植共 540 亩，养殖蛋鸡 180 万只、肥牛 100 头。

2019 年，新关村开发 560 亩的蔬菜基地，其中 200 亩属于黔南民族师范学院的"校农结合"示范基地。

图 5—1 显示，2016—2018 年卡蒲毛南族乡蔬菜种植面积和生态禽养殖量逐年上升。卡蒲毛南族乡 2016 年蔬菜种植面积 2136 亩，生态禽存栏量达 33900 羽；2017 年蔬菜种植面积达到 2327 亩，较 2016 年增加了 191 亩，生态禽存栏量达 41444 羽，较 2016 年增加了 7544 羽；2018 年蔬菜种植面积达 5380 亩，较 2017 年增加了 3053 亩，较 2016 年同比增长 2.48 倍，生态禽存栏量达 70300 羽，较 2017 年增加了 28856 羽，较 2016 年同比增长 2 倍。

图 5—1 2016—2018 年卡蒲毛南族乡蔬菜种植和生禽存栏情况

卡蒲毛南族乡种植养殖业发展呈现良好态势，2018 年产业增长幅度最大，相较前两年技术更为成熟，农户发展积极性更高，发展规模持续扩大，2019 年产业规模进一步扩大，未来产业结构还将不断完善。

依托"校农结合"，各村产业规模不断扩大。各村通过土地流转，引进新品种、新企业入驻等推动产业规模化发展。2019 年场河村与河中村计划开发自身山林与田土，发展果园种植业；甲坝村在现有基础上发展林下养殖业，将核桃种植与蛋鸡养殖结合；亮寨村 2019 年扩大蓝莓种植面积 300 亩，并计划发展辣椒种植。各村产业多元化发展初步形成，更多农户通过土地流转、资金

入股等多种方式参与分红，收入不断提高。截至 2019 年，卡蒲毛南族乡人均
年纯收入为 9095 元。

（3）"校农结合"助推脱贫攻坚成效显著

表 5-6 显示，2016 年卡蒲毛南族乡共有贫困人口 732 户 2394 人，2017 年
共有贫困人口 993 户 3604 人，2018 年共有贫困人口 122 户 254 人。

表 5-6　2016—2018 年卡蒲毛南族乡建档立卡情况

行政村	2016 年贫困户/人口	2017 年贫困户/人口	2018 年贫困户/人口
新关村	159 户 505 人	238 户 864 人	26 户 51 人
摆卡村	111 户 368 人	135 户 490 人	22 户 38 人
亮寨村	86 户 271 人	122 户 395 人	20 户 39 人
场河村	96 户 313 人	134 户 481 人	13 户 44 人
河中村	145 户 477 人	183 户 698 人	18 户 37 人
甲坝村	135 户 460 人	181 户 676 人	23 户 45 人
总计	732 户 2394 人	993 户 3604 人	122 户 254 人

新关村 2016—2018 年贫困人口最多。2016 年新关村共有贫困户 159 户
505 人，占卡蒲毛南族乡贫困人口 21.09%；2017 年贫困户 238 户 864 人，占
卡蒲毛南族乡贫困人口 23.97%；2018 年贫困户 26 户 51 人，占卡蒲毛南族乡
贫困人口 20.08%，较 2017 年贫困人口减少了 813 人。

河中村 2016—2017 年贫困人口次之。2016 年河中村共有贫困户 145 户
477 人，占卡蒲毛南族乡贫困人口 19.92%；2017 年贫困户 183 户 689 人，占
卡蒲毛南族乡贫困人口 19.12%；2018 年河中村贫困人口仅剩 18 户 37 人，占
卡蒲毛南族乡贫困人口 14.57%，较 2017 年贫困人口减少了 661 人，贫困人
口数降为第 6 位。

甲坝村 2016—2017 年贫困人口数位居第三。2016 年甲坝村共有贫困户
135 户 460 人，占卡蒲毛南族乡贫困人口 19.21%；2017 年贫困户 181 户 676
人，占卡蒲毛南族乡贫困人口 18.76%；2018 年亮寨村贫困剩余贫困户 23 户
45 人，占卡蒲毛南族乡贫困人口 17.72%，较 2017 年贫困人口减少了 631 人，
贫困人口数居第 2 位。

摆卡村 2016—2017 年贫困人口数位居第四。2016 年摆卡村共有贫困户
111 户 368 人，占卡蒲毛南族乡贫困人口 15.37%；2017 年贫困户 135 户 490

人，占卡蒲毛南族乡贫困人口 13.60%；2018 年摆卡村贫困剩余贫困户 22 户 38 人，占卡蒲毛南族乡贫困人口 14.96%，较 2017 年贫困人口减少了 452 人，贫困人口数居第 5 位。

场河村 2016—2017 年贫困人口位居第五。2016 年场河村共有贫困户 96 户 313 人，占卡蒲毛南族乡贫困人口 13.07%；2017 年贫困户 134 户 481 人，占卡蒲毛南族乡贫困人口 13.35%；2018 年场河村贫困剩余贫困户 13 户 44 人，占卡蒲毛南族乡贫困人口 17.32%，较 2017 年贫困人口减少了 437 人，贫困人口数居第 3 位。

亮寨村 2016—2017 年贫困人口最少。2016 年亮寨村共有贫困户 86 户 271 人，占卡蒲毛南族乡贫困人口 11.32%；2017 年贫困户 122 户 395 人，占卡蒲毛南族乡贫困人口 10.96%；2018 年亮寨村贫困剩余贫困户 20 户 39 人，占卡蒲毛南族乡贫困人口 15.35%，较 2017 年贫困人口减少了 356 人，贫困人口数居第 4 位。

卡蒲毛南族乡 2016 年贫困发生率为 18%，2017 年贫困发生率为 27%，2016—2017 年贫困发生情况呈增长趋势，2018 年贫困发生率降达 2%，较 2017 年降低了 25%（见图 5-2）。其中，卡蒲毛南族乡通过"校农结合"渠道，吸引了 2000 多名外出务工人员回乡就业创业，解决了留守儿童、空巢老人多的社会问题。可见，黔南民族师范学院于 2017 年对卡蒲毛南族乡开展的"校农结合"助脱贫攻坚工作取得显著成效。

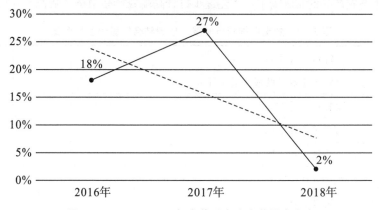

图 5-2 2016-2018 年卡蒲毛南族乡贫困发生率

（4）"校农结合""12345"精准扶贫模式形成

黔南民族师范学院"校农结合"自 2017 年 3 月启动，至 2018 年 10 月，

在卡蒲毛南族乡、者密镇等地的 19 个毛南族聚居贫困村共定点采购农产品 44 批次，价值近 200 万元，覆盖区域贫困农户 5000 多户。2017 年学校采购 42 批次 39.7 万元；2018 年以来共采购 41 批次 132.6 万元，比上年增长 3.3 倍。采购贫困户农产品中猪肉占 37%、大米占 11%、菜籽油占 24%、鸡蛋蔬菜占 28%。学校在定点帮扶卡蒲毛南族乡新关村、摆卡村两个一类贫困村的过程中，按照"五步工作法"，围绕农村产业革命"八要素"，发挥高校人力、智力、市场等优势，通过定点采购、产业培扶、基地建设、示范引领，形成了"校农结合""12345"精准扶贫模式。搭 1 个平台：农产品采购平台；建 2 个中心：配送中心、孵化中心；抓 3 个重点：定点采购、志智双扶、构建利益共同体；用 4 种方式：大众农产品"配额换订单"由绿通公司全省配送，大宗农产品由学校食堂到村直购，教职工对原生态农产品的需求实行"线上订单""线下配送"或孵化中心专柜直销的方式，基地标准化绿色食品由黔货出山电子商务有限公司销往发达地区；实现 5 个变化：催生农户发展内生动力，贫困村农产品成倍增长，"一村一特"产业悄然形成，推动学校转型发展，实现"一仗双赢"。

（5）教师生日套餐拉动高端农产品销售

贫困村的一些高端农产品，种植养殖成本高，因此市场售价也较高，依托学校后勤食堂是不可能消化的，只有调动教职工参与脱贫攻坚的积极性，满足教职工对绿色生态农产品的实际需求，才能逐步打开高端农产品销路（见表 5—7）。

表 5—7　黔南民族师范学院"校农结合"教师生日套餐

套餐一	1. 土蜂蜜 1 斤 1 瓶 178 元	金额	305 元
	2. 豆腐皮 1 盒 7 两或 1 袋 1 斤 68 元		
	3. 菜籽油 3 斤 39 元		
	4. 百香果 2 斤 20 元		
套餐二	1. 土蜂蜜 1 斤 1 瓶 178 元	金额	355 元
	2. 土鸡 3 斤 128 元		
	3. 菜籽油 3 斤 39 元		
	4. 百香果 1 斤 10 元		

套餐三	1. 土蜂蜜 1 斤 1 瓶 178 元	金额	304 元
	2. 菜籽油 3 斤 39 元		
	3. 土鸡蛋 30 枚 45 元		
	4. 乌鸡辣酱 4 两 22 元		
	5. 百香果 2 斤 20 元		
套餐四	1. 土蜂蜜 1 斤 1 瓶 178 元	金额	306 元
	2. 土鸡 3 斤 128 元		

（6）借助高校资源，促进"三产"融合

卡蒲毛南族乡产业发展以第一产业为主导，通过"校农结合"扩展农业产业链，向第二、三产业深度融合，实现共同发展。引进妙勺掌柜（辣子鸡）、贵州兴源记等企业对农产品进行深加工，提高农产品附加值并延长农产品保质期。"校农结合"将农产品通过物流公司对接到学校后勤食堂，并与贵州绿通农业发展有限公司合作，通过满足营养餐计划对农产品的需求，解决了农产品销路问题，推动了物流、餐饮住宿、批发零售等第三产业的发展。

2017 年 5 月 1 日，黔南民族师范学院与卡蒲毛南族乡签订了文化旅游扶贫帮扶协议，对卡蒲毛南族乡的旅游路线、旅游产品的开发进行了系统规划，开展导游培训活动，打造卡蒲毛南族乡特色旅游品牌，助推卡蒲毛南族乡民族文化旅游业的发展，扩大农户收入来源，提高农户生活质量。

4. 卡蒲毛南族乡"校农结合"中存在的瓶颈与不足

（1）认识站位不高、协同力度不足

截至 2019 年年初，"校农结合"仍未形成一批具有重大意义的科研成果。在中国知网上，以"校农结合"为主题的文献仅有 24 篇，且多是对农产品销售等方面的研究，虽然涉及高校、产业结构等方面，但研究层次及高度都相对较低。黔南民族师范学院在开展"校农结合"工作时，没有深挖"校农结合"与脱贫攻坚、全面小康、乡村振兴、乡村现代化、新型城乡融合、城乡一体化的内在逻辑关系。"校农结合"的科学体系、精神实质和实践要求等尚未形成，缺乏统一认识，站位不高。

"校农结合"品牌花落谁家，可谓竞争激烈。黔南州、安顺市、六盘水市

等地都在积极打造"校农结合"品牌。在激烈的竞争环境下，黔南州平塘县政府对"校农结合"高度重视，但还没有真正将"校农结合"融入"脱贫攻坚、全面小康、乡村振兴、乡村现代化"等战略大局之中。"校农结合"的发展思路单一、覆盖面小，仅限于解决农产品销路，在"校农结合"的整体设计与创新上的能力不足。

一些地方由于生产生活局限于农业，人们对于农业生产及获取经济来源之外的事情关注度小，因此对"校农结合"的重要性认识不足。且农村经济条件落后，信息技术普及程度低，农户受自身能力有限，对智能手机及电脑等高科技产品的使用多限于打电话、看电视剧，未能充分运用网络技术了解市场信息，宣传绿色农产品。通过高校资源来扩大、扩散"校农结合"的影响力，效果并不理想。高校多数学生并不知道"校农结合"，少数学生虽知道"校农结合"，但也没有搞清楚"校农结合"是怎么回事，"校农结合"与课堂的融入度低，政府及学校对"校农结合"的宣传力度有待加强。

（2）"校"与"农"融合深度不够

一是产销融合度不够。黔南民族师范学院的农产品采购以"直接采购＋配额换订单＋线上订单、线下配送"为主要形式，但在产销两端缺乏稳定的供给和稳定的需求。一方面表现在消费者、商家订单需求量的不稳定性。相对"校农结合"农产品而言，农贸批发市场上的农产品物美价廉，服务到家到店到人，因此多数窗口商家不愿意通过"校农结合"渠道购买农产品。另一方面表现在生产终端供给者和企业存货在农产品的数量和种类上存在不稳定性和不确定性。"校农结合"窗口商家是根据学生的饮食喜好来购买农产品的，而农产品季节性强，单季产品品种单一，选择度有限，学生饮食喜好的多样性与农产品的有限种类不搭配，能购买到的农产品不符合学生的饮食喜好，直接影响商家的购买积极性，因此商家只能转向农贸批发市场购买。

二是黔南师院与卡蒲毛南族乡合作层次有待提高。主要表现在两个方面：一是高校与乡镇府停留在浅层合作上，缺乏层次开发，多元化服务平台较少。二是政府着力于推动第一产业的发展，以解决农产品销路问题为主，对当地文化旅游业等第三产业的开发涉及较少。此外，农业的发展受自然环境的限制较多，仅靠农业发展脱贫致富，实现乡村振兴的路径和手段还很单一。

三是学科优势与"三农"发展融合度不够。黔南民族师范学院各二级学院的学科优势、专业知识、技能、组织的优势尚未充分运用到"三农"之中。黔南民族师范学院各二级学院、各部门开展"校农结合"工作不积极，帮扶零散无序、缺乏组织性。经济援助方式推动乡镇建设发展，帮扶手段单一，侧重体现"资力"扶贫。

图 5-3 显示，2018 年各二级学院采购农产品人均消费金额均未超过 100 元，其中，15 个二级学院有 6 个学院人均消费金额在 30 元以下，人均消费在 30 至 55 元之间的学院有 6 个，人均消费在 55 元以上的仅有 3 个学院，其中文学与传媒学院人均消费额最多，为 74.63 元。同时，在助推卡蒲毛南族乡开展"校农结合"工作过程中，学校没有充分利用当地资源，深挖当地历史文化等潜在资源，从而建立教育教学基地，反推教育教学改革。

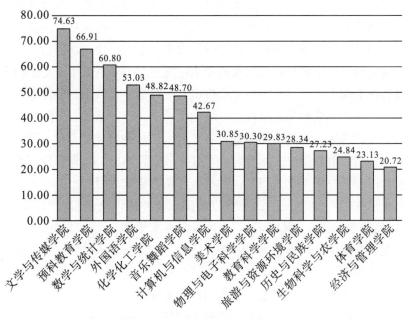

图 5-3　2018 年黔南民族师范学院各二级学院采购卡蒲毛南族乡农产品人均消费额情况（元）

（3）产业发展较晚，基础差，经济活力不足

当前，卡蒲毛南族乡的产业发展仅仅依靠农业，第二、三产业发展起步晚，第一、二、三产业发展严重失衡，手工业发展落后，缺乏对农产品进行深加工的企业与工厂，农产品市场竞争力小，产品销售困难，产业发展缺乏灵活性与延展性，产品缺乏吸引力与知名度。

产业发展存在技术瓶颈，专业化、规模化程度低。农业技术是农业发展的第一推动力，是最活跃、最具有决定性的因素。据黔南民族师范学院 2019 年

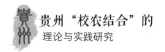
3月对卡蒲毛南族乡的调查发现，农民在农业产业发展过程中缺乏专业性的种植养殖技术和农产品加工技术。

种植技术较传统。农户受自身能力限制，在种植技术上虽有一定经验，但卡蒲毛南族乡个体农户种植技术和方法还较为传统、落后。农户在播种、养护、收集、销售等方面受传统观念束缚，缺乏科学性与专业性，生产方式方法与时代社会发展逐步脱节。种植技术落后的同时，管理不到位、防病虫害能力不足的问题也大量存在。如亮寨村莴笋种植管理不到位，2018年就有70吨莴笋因受冻害与病虫害影响而烂在地里。

养殖技术较落后。养殖业发展受多方的条件限制，养殖户对新方法、新技术的认识还比较片面，养殖户的养殖技能缺乏科学性、专业性，多数养殖户以传统的放养型方式为主。养殖棚舍等基础设施质量差，使用期限短。据调查了解，卡蒲毛南族乡甲坝村因缺乏养殖技术，对蛋鸡养殖造成了一定的损失。平塘县政府在卡蒲毛南族乡开展的"说得出、听得懂、接得上、能落地"实践培训活动、专家培训会多是走马观花，理论上说得一套一套的，但能落地解决问题的却是少之又少，多是依靠群众自身经验来进行种植或者养殖，专家的到来并没有切实帮助群众解决实际难题，直接导致农户对此类培训指导逐渐失去兴趣，长此以往农户学习动力不足，发展生产信心也随之受挫。如今专家下乡指导须向农户支付50～80元的误工费（农民认为"培训会是假过程，浪费农忙时间"，只能花钱请农户来学习）。农民参与专家培训会，由最初的请专家帮忙指导，变成专家请农户来听所谓的培训会，技术培训由"帮"变成了"请"，由期望变成失望。

技术加工未普及。卡蒲毛南族乡的产业发展以第一产业为主，以直接销售未加工的原生态农产品为主，农产品附加值低，且整个卡蒲毛南族乡仅有一个由黔南民族师范学院资助修建的冷冻储藏室。当地气候潮湿，农产品不易存储，若农产品滞销，必然损失巨大。2018年，卡蒲毛南族乡各个村农产品滞销严重，且无法及时对滞销产品进行加工处理，因而造成巨大经济损失，其中场河村萝卜滞销大约50吨。

一些企业在政府引导下入驻，但企业自身规模小，核心技术、发展资金以及创新能力不足，且市场开发能力较弱，对当地情况缺乏深入了解，产业发展模式和发展方向与农户需求缺乏有机衔接，发展成果不突出，示范带动效应不明显。同时，当地经济发展落后，居民消费能力弱，难以支撑企业成长，大部分入驻企业长期处于关门状态。

（4）市场的基础性作用不强，产品销售供需错配

在"政府＋合作社＋农户"模式下，政府主导农业产业发展，以合作社为载体，以农户为主体推动农业产业化发展，但这种发展模式存在以下弊端：一是政府导向可能造成严重的资源浪费。上级部门在主导乡镇农业发展的工作中，对当地气候、地势、土壤、水源等方面的实地考察未到位，下发农产品种植要求时，未充分考虑当地农户种植农产品的习惯以及当地种植农产品的生长情况。二是政府主导及兜底政策在一定程度上促成了一些人产生"等、靠、要"的不良思想。

产业发展市场导向不足，农产品类别单一，销售上缺乏差异化卖点，农产品特色不足，无法满足市场多元化、差异化需求，导致农产品生产季度性供过于求，出现"谷贱伤农"的现象。此外，农产品缺乏包装与加工，品牌建设落后，尚未形成品牌效应，产品附加值低、价格低廉、市场竞争力弱。

缺乏成熟的营销方案和多元的销售渠道。农产品销售途径单一，过于依赖高校收购，自由市场小，内销市场饱和，外销市场缺乏。高校收购数量有限，农产品成熟的季节与学校放假的时间点正好重叠，导致农产品的供给和需求存在时间上的错配，出现了大供给与小需求的矛盾。农产品过度依赖学校收购与政府兜底，自寻销路的能力较差，在学校无法消化的情况下，农产品往往严重滞销。而农户与政府对市场信息接收不及时，分析不到位，没有与市场形成良好的对接，因而造成产销失衡，大量产品滞销腐烂，最终低价贱卖，农户积极性与主动性严重受挫。如 2018 年 5 月份，某地土豆产量较大，而高校需求却不高，供过于求。卡蒲毛南族乡网络建设尚不完善，缺乏第三方市场。市场信息传输、产品宣传、网络销售平台发展程度低，尚未形成"互联网＋"发展模式。大量青年劳动力外流，导致现有网络销售平台（QQ、微信、淘宝等）和销售模式难以发展，电商发展缓慢，外销渠道单一。

（5）"校农结合"发展模式单一，优势资源未充分利用

卡蒲毛南族乡产业发展模式较为单一，主要有"学校＋合作社＋农户"与"政府＋合作社＋农户"两种方式。在"学校＋合作社＋农户"模式下，贫困户以扶贫资金入股合作社，合作社不论发展效益如何，每年都会向贫困户发放保底分红 1000 元。这种方式存在一定的弊端。一是保底分红会增加合作社发展负担，合作社受管理者能力素质、市场变动影响较大。二是在发展资金的使用上存在一定的风险。农村合作社多由 3～10 位村民组成，经营管理能力不强，

互相监督意识弱。三是金融扶持产业发展力度弱，尚未形成"学校＋银行＋合作社＋农民"的模式，合作社的发展缺少资金支持。

卡蒲毛南族乡作为我国唯一一个毛南族乡，历史悠久、文化底蕴深厚，但其民族特色元素未得到有效开发，民族文化产业发展滞后。同时，当地政府对民族文化的保护意识较弱，且当地少数民族对自身文化传承发展意识淡薄，对民族文化节日的重视程度不够，导致毛南族传统文化传承面临危机。

（6）部分贫困户内生动力不足

"充足数量和较高素质的农村劳动力是乡村振兴的根本保障。"[①] 农村劳动力多为受教育程度低的老人和妇女，接受新文化、新思想、新技术的能力相对较弱。部分农民仍然存在"等""靠""要"的思想，对于自己种什么、养什么、怎么种、怎么养缺乏积极思考，自我发展意识薄弱。思想较为传统落后，多数农户存在自给自足的传统小农思想，普遍认为生产满足自己生活需求即可，因此缺乏创新。传统思想的束缚致使农户过于在乎眼前收益，发展眼光不够长远。卡蒲毛南族乡农民经济收入以外出务工为主，青壮劳动力外流，人口老龄化突出，农业播种、养护、收获均缺少人力，产业发展后劲不足，难以可持续发展。

5. 助推"校农结合"发展的建议与对策

（1）统一认识，提高站位，助力脱贫攻坚

一要开展"校农结合"宣传活动，把"校农结合"持续向纵深推进，让"校农结合"深入各村各组，更加贴近群众。"校农结合"作为助力脱贫攻坚的重要创新举措，是实现乡村振兴的重要抓手。政府、高校等各机关部门和单位在开展"校农结合"工作时，通过教育引导增强农民的积极性、主动性、创造性。村干部要深刻理解"校农结合"时代背景、科学体系、精神实质和实践要求，指导卡蒲毛南族乡群众的生产生活实践，推动"校农结合"工作。

二是目标定位要高、思想要解放、改革创新要深入、工作作风要抓实、服务效能要提升、发展环境要优化。应以更加饱满的热情、更加昂扬的斗志、更加优良的作风，扎实开展好"校农结合"工作，撸起袖子加油干，凝心聚力抓

---

① 蒋和平，王克军，杨东群. 我国乡村振兴面临的农村劳动力——断代危机与解决的出路［J］.江苏大学学报（社会科学版），2019（1）：28—34.

落实,奋力开创卡蒲毛南族乡"校农结合"创新发展,转型新局面,助力脱贫攻坚,助推乡村振兴。

三要把科研做实在卡蒲大地上,扎根卡蒲大地办教育。贯彻落实党的教育方针,服务地方经济发展,助力教育转型,实现教育强省,决战决胜教育脱贫攻坚。将"校农结合"做成一项理论"顶天",实践功效"立地",助力脱贫攻坚与乡村振兴的创新工程。

(2)建好实践基地,组织学生开展创新创业活动

学校应针对不同专业、不同层次的学生,选择不同实践方向、地点,让学生实践深入当地社会。学校要组织协调专业师生定期帮扶,针对当地突出问题寻找发力点,切实发挥高校资源优势,一方面提升师生实践工作能力,另一方面为当地创造一定经济、社会效益,助力当地产业发展。通过学校鼓励、学生自愿、政策吸引的方式鼓励学生积极下乡实践,形成学生长期实习与专家、老师轮班帮扶机制,保证当地拥有长期技术帮扶,问题及时得到解决。

政府机关通过政策倾斜、用人倾斜、资金支持与服务支持等方式吸收高校学生到当地实习,与学校长期合作,加强联系。政府将当地迫切需要解决的问题反馈给学校,学校有针对性地鼓励相关专业人才前往帮扶村实习帮扶,完善高校学生实习保障政策,打通高校学生实习的绿色通道,加快高校资源与当地的融合程度,使学生实践与产业帮扶相互促进。引导学生转变思想,正确认识实践实习是自我发展与提高自我的关系,实习工作应严格组织实施,杜绝实习"走过场"。

组织"我代言、我创意、我设计"创新创业活动。"校农结合"工作的开展,不仅要做到以校帮扶,也要充分结合农村的实际需求,推动教育教学改革。为提高各二级学院推进"校农结合"工作的主动性,增强学生社会实践能力,培养一批"懂农业、爱农村、爱农民"的新时代大学生,学校应组织开展以"我代言、我创意、我设计"为主题的"校农结合"农产品大学生创新创业活动,充分发挥各二级学院资源优势,打造"校农结合"品牌。开展大学生创新创业活动,推动当地产业发展,拓宽销售渠道,让大学生在创新创业的同时为当地产业发展、产品设计、创新、宣传出谋划策,具体而言,做到以下"五个创新"。

设计创新。在产品包装设计上充分考虑形状、款式、风格等方面,可将毛南族文化元素融入其中,以简洁大方的设计特点展现民族特色,强化品牌形象,根据民族手工艺品的不同用途、不同类型,实行外观设计创新,优化图文

布局，提升民族形象，注重材料选择，设计生产可重复使用、可回收的绿色环保产品。

品牌创新。依靠大学生丰富的专业知识、先进的思想理念，以市场为导向，准确定位，引导当地产业品牌化发展，创新商业模式，创新企业管理制度，形成企业文化，提高市场竞争力与产品附加值。

技术创新。通过大学生创新创业，引进新技术，传授新方法，提高个体生产的存活率与稳定性，优化集中生产工艺，减少作业过程，提高工作效率。

宣传创新。创新宣传方式，综合利用网络、报纸、期刊等平台对当地产品、民族文化进行多方面宣传报道，以新颖、独特、通俗易懂的宣传方式让人们对当地民族文化有所了解，通过多方合作、联动开展宣传，力争宣传贴近生活，扩大宣传影响力。

营销创新。创新营销方案，对农产品、民族手工艺品等做出准确定位，利用网络等平台多方面、多渠道销售拓展第三方市场。

（3）建好"校农结合"展示厅，讲好"校农结合"故事

一是修建"校农结合"示范观光长廊，打通现有"校农结合"示范基地连接道路，让人们在浏览观光过程中，了解各示范点的形成与发展过程，展现"校"与"农"深度融合的成果。

二是打造"校农结合"历史发展展览专栏，发挥美术学院绘画、设计特长，设计毛南族乡独有商标，将展示厅打造为具有浓厚民族品牌元素的多功能厅，以生动图文展示"校农结合"工作开展至今的做法及成果，凸显毛南族的浓厚文化底蕴。

三是依托政府和高校专业平台，并依托展示厅，开展电商销售，形成产业宣传与销售为一体的营销模式。

"校农结合"产生于黔南民族师范学院，实践于卡蒲毛南族乡，现已成为高校助推脱贫攻坚的一张名片、一个品牌。黔南民族师范学院不仅要在现有基础上巩固和扩大"校农结合"成果，也应进一步做好宣传工作。党委宣传部、历史与民族学院、文学与传媒学院、计算机与信息学院等部门要相互合作，收集整理"校农结合"素材，讲好"校农结合"的精彩故事，进一步扩大"校农结合"的影响力，打响"校农结合"品牌。

（4）做好脱贫攻坚与乡村振兴战略的衔接

抓实产业兴旺，发展卡蒲经济。"通过生态农业和社区支持农业的协同发

展，促进农业'三产'有机融合，从'产业兴旺'角度推进乡村振兴。"① 高校要加强对卡蒲毛南族乡农民的技术指导，在有条件的地方推动农业生产专业化，实现农产品生产标准化，抓好农业发展。政府应引导企业入驻，加强资金与政策扶持，营造良好的企业发展环境，让企业愿意入驻。"产业兴旺是实施乡村振兴战略的核心，也是未来农业农村发展的重要新动能。"② 政府应集中力量，搞好旅游资源开发、农产品深加工等产业，激发产业发展活力，推动第一、二、三产业联动，实现产业兴旺发展。

抓实生态宜居，建设美丽卡蒲。政府应加强对农民的思想引导，提高农民自身的环保意识，从根源上解决生态环境污染问题。政府应制定一系列保护生态环境的规章制度，通过村规民约加强对农民的监督，对破坏生态环境的行为予以相应处罚。政府应组织成立生态建设小组，对白色污染进行整治，创建美丽乡村。"学校在当前经济新形势下，立足乡村办学，倾心服务'三农'，搭建建设平台，使农民得实惠，学校得发展，让教师能够快捷方便地参与到社会服务中去，推动农村经济发展，为当地'美丽乡村'建设做出积极贡献。"③

抓实乡风文明，打造文明卡蒲。高校应选派实习生去当地支教，学校还可以利用自身社会资源，邀请教育专家对当地教师进行教师技能与教育知识等方面的专业培训，推进教育扶贫。政府应引导当地企业资助特困生，并对原有中小学校和幼儿园进行修缮，创造良好的学习环境，更换为更先进的教学设备，提供优良的教学条件，树立乡风文明新风尚，营造乡风文明新环境。

抓实治理有效，打造平安卡蒲。当地政府应统筹农业发展，建好农业合作社，提高农户的合作意识与参与意识，鼓励村民自我服务、自我管理，形成良好的社会协作关系。应加强农村法治、德治、自治建设，形成有序的社会治理格局。

抓实生活富裕，打造繁荣卡蒲。政府应充分尊重市场规律，活跃市场经济，积极引进企业，为农村劳动力创造更多就业岗位，提高农民收入水平。同时，应抓好金融扶贫，对贫困户和特困户给予资金支持，增强农民自我脱贫的信心，助推农户脱贫，从而实现农民生活富裕。

"坚持人才培养与涉农人才需求的紧密结合，坚持专业建设与农业发展的紧密结合，坚持师生能力培养与产学研一体化基地建设的紧密结合，坚持培养

---

① 王松良.协同发展生态农业与社区支持农业促进乡村振兴 [J].中国生态农业学报，2018（2）：212–217.

② 孔祥智.培育农业农村发展新动能的三大途径 [J].经济与管理评论，2018（5）：5–11.

③ 唐爱梅，方伟群，马军华.搭建五个平台服务美丽乡村建设 [J].现代园艺，2014（4）：226.

人才与服务'三农'的紧密结合。"① 促进高校资源与乡村振兴全面融合。"校农结合"要充分利用学校资源，推动农村社会经济发展，不应局限于如何解决农产品销路问题，还要动员各二级学院积极参与到"校农结合"工作之中。学校党委、组织部应结合卡蒲毛南族乡实际情况，合理制定、规划、部署市场环境，总务处（后勤服务中心）具体开展工作，各二级学院应充分发挥自身优势，积极配合，深入实地考察，将乡村生态优势转化为发展生态经济的优势，创建一批特色生态旅游示范村镇，打造一条区域民族旅游精品路线，发展绿色生态环保的乡村生态旅游产业，提供更多更好的绿色生态产品和服务，促进乡村生态和经济良性循环、良性发展。（学校各部门与脱贫攻坚、乡村振兴的衔接情况见表 5-8，"校农结合"与乡村振兴对接点见表 5-9）

表 5-8　学校各部门与脱贫攻坚、乡村振兴的衔接

各部门	具体任务
旅游与资源环境学院	对卡蒲毛南族乡旅游资源进行普查、挖掘、整理、研究，将卡蒲毛南族乡打造成假日休闲、民俗体验、自然观光相结合，集吃、住、行、游、购、娱于一身的民族特色文化旅游小镇。指导当地制订旅游方案、培养旅游市场营销人才，打造民族特色旅游品牌
生物科学与农学院	充分利用当地优势和资源，引导农户种养特色产业，发展渔农混合的现代特色农业。在支持当地传统农作物种植的基础上，通过自己所学的生物与科学知识，进行农产品研究，引导农民种植适宜的农产品。应印发知识技术手册，普及种养殖技术，提高技术普及水平与农产品质量，引导产业结构调整
音乐舞蹈学院	深挖当地毛南族文化艺术特色，发挥专业优势对原有民族歌舞文化进行再加工，将传统歌舞与现代时尚元素相结合激发民族文化活力，打造民族特色节目。将毛南族"猴鼓舞""火把节""毛南山歌"融入民族特色旅游观光表演中，展现毛南族独特的民族文化魅力
文学与传媒学院	可举办"校农结合""毛南故事"等征文活动，利用网络、电视、报纸、杂志等平台，加大对卡蒲毛南族乡"校农结合"的宣传力度，扩大"校农结合"的知名度，让更多的人了解"校农结合"、支持"校农结合"；利用网络资源对毛南族文化习俗、民族歌舞、手工艺等进行宣传，如将视频上传至"快闪""快手""火山""抖音"等小视频 App 上，扩大社会影响力，提高知名度

① 姜桂娟，孙绍年，张季中.人才培养与服务"三农"并举 创建"校农结合"五联动模式［J］.中国职业技术教育，2009（22）：67-69.

各部门	具体任务
经济与管理学院	充分发挥学科优势,为当地招商引资、产业发展等做好经济理论培训,传授给农户金融、经营、销售等方面的基础理论知识,培养一批敢创业、敢拼搏、敢投资、会经营、会销售的人才,指导农民合作社经营管理,培养一批新型职业农民
历史与民族学院	充分发挥自己的学科优势,深入实地开展调研,走访各个村落,对每个村落的民风民俗、民族文化进行记录。将所学相关历史文化知识运用到文化保护与传承工作中,对卡蒲毛南族乡的历史文化进行深度挖掘,将当地丰富独特的民族文化资源转化为经济资源,促进当地经济的发展,推动毛南族文化传承与发展,为当地历史文化发展贡献自己的力量。与计算机与信息学院师生合作,将当地现有历史文化用互联网平台推广到各地,提升卡蒲毛南族乡的影响力,推动乡村产业新发展
美术学院	到卡蒲毛南族乡进行实地写生,将当地特色的民俗、建筑、自然环境、手工艺品以及风土人情通过不同的艺术方式呈现出来,供人们欣赏;还可以跟当地手工艺人学习毛南族特色手工艺品的制作,再融入所学知识,创造出具有当地民族特色的手工艺产品
计算机与信息学院 物理与电子科学学院	与当地政府、企业、农户合作,充分发挥学院优势,利用所学网络知识与互联网技术,搭建网络信息技术平台,将农产品信息融入信息技术平台中,打造物流网、互联网销售平台,力争打造出一个产供销电子信息网络综合服务平台,为农户创造网络新环境,拓展农产品销售渠道,助推乡村产业发展。可打造"校农结合"App平台,扩大"校农结合"影响力
体育学院	研究民族体育项目,与旅游与资源环境学院合作,开发民俗旅游娱乐项目
教育科学学院	对农户进行基础知识培训,提高农户知识素养,激发农户自主创新创业内生动力
化学化工学院	建立农残检测室、生汞含量超标检测室,对当地农产品质量进行检测
数学与统计学院	进行"校农结合"、农产品等方面的大数据分析
外国语学院	扶持当地双语教育,提高当地外语教育教学质量
马列部	宣传国家政策方针、社会主义核心价值观、党的十九大精神
党委宣传部	制订"校农结合"的宣传方案,引导开展"校农结合"的演讲宣传活动,举办"校农结合"创意大赛,制作并发放"校农结合"宣传手册,激励各二级学院参与到"校农结合"的工作之中

表5-9 "校农结合"与乡村振兴对接点

产业兴旺是重点	夯实农业生产能力	发挥高校农学类（农林水利工程、农业机械化、农业科技化、水利建设工程）专业师生资源优势，辅助培训新型农民，落实农田保护制度，引导农业生产，并且依靠自身优势整合社会资源。利用高校的数字资源，结合社会资源，发展数字农业，深度推进物联网试验和遥感技术的应用
	实施质量兴农战略	利用食品质量与安全、食品科学与工程、生物科学等针对性较强的学科的优势，加强农产品的监测与管理，加强对植物病虫害、动物疫情的研究与预防。融入建立健全质量兴农评价体系的政策建设、监管体制、食品安全标准体系、工作体系和考核机制中。政府加快农业技术推广机制的研发，发展构建运行高效、服务能力强的农业技术培训平台。培育新型农产品，推进特色农产品的发展，实现绿色有机农业。推动农业由增产到提高质量的转变
	构建农村第一、二、三产业融合发展体系	综合旅游、电子商务、物流管理、计算机信息、酒店管理、企业战略管理等各学科优势，大力开发农业的多种功能，形成产业链，有力推动产业融合发展。引导工商资本下乡，构建合理的利益联结机制，推动第一、二、三产业融合发展
	构建农业对外开放新格局	结合经济学专业中的国际经济与贸易、自由贸易等学科优势，并利用与"一带一路"沿线国家和地区的农产品贸易关系，支持农业走出去，构建农业对外开放新格局，让"黔货"出山 培育出口型农业龙头企业，围绕国际农产品市场需求，积极推动农业供给侧改革，优化农产品贸易环境
	促进小农户和现代农业发展有机衔接	运用运筹学、统筹学等具有针对性的学科，实施小农户能力提升工程。以提供补贴为杠杆，鼓励小农户接受新技术培训。确定小农户和现代农业的有机衔接点，统筹兼顾好两者。促进工商资本与农民合作社、村级集体公司分工对接，提高现代农业的组织化水平
生态宜居是关键	统筹山水林田湖草系统治理	结合十九大提出的区域性原则、长期性原则、全面性原则、综合性原则、循环系统性原则，以全面、协调、可持续发展的生态观为指导，高度重视山水林田湖草木系统治理，把水文与水资源工程、环境保护与环境美化、农林经济与管理、草业科学、水产养殖、水土保持与荒漠化防治等高校优势资源"搬进"山水林田湖草木系统治理中，科学规划、提高保护意识、实施生态补偿、进行生态建设
	加强农村突出环境问题综合治理	利用环境规划、治理学科开展绿色发展行动，加强农村综合规划与治理，推动农业生态化，切断污染源；针对化肥不合理使用的问题，利用生物科学与农学院的测控技术与仪器，加强对化肥重金属含量超标情况的监测，推进绿色防控 相关部门要提高对农村环境治理的认识，组织建设农村环境卫生治理队伍。加大对环境保护的宣传力度，实施最严格的生态环境保护制度，形成生态环境良性发展的趋势

生态宜居是关键	建立市场化、多元化生态补偿机制	以高校作为理论阵地,综合制度经济学、财政学、市场营销学、生态与市场发展关系等重点学科促进农村市场发展。各级政府通过政策引导,拓展环保资金渠道,加大对多元化生态环境建设资金的投入,逐步建立和完善多元化市场 探索和建立适应多元化的市场生态补偿机制,促进高校资源的有效供给、转移、配置
	增加农业生态产品和服务供给	以理论为先导,利用高校开发与保护、科技与管理学科理论,更好地为绿色生态农产品服务 引导农村发展农业观光、健康养生、生态教育等产业。提供理论知识基础,为农村创建一批特色生态旅游示范基地,打造一条区域民族旅游精品路线,打造绿色环保的乡村生态旅游产业链。加大资金投入,提升餐饮业、电商服务业、旅游业等第三产业的发展水平,增强农业生态产品的生产能力
乡风文明是保障	加强农村思想道德建设	让社会主义核心价值观深入农村、贴近群众,坚持教育引导、实践养成、制度保障三管齐下。加强农村思想文化阵地建设,弘扬民族精神和时代精神,不断强化农民的规则意识、集体意识、社会意识、主人翁意识
	传承发展提升农村优秀传统文化	以各大高校作为传承、保护、发展、提升农村优秀传统文化的阵地。在传承的基础上,立足乡村文明,不断深化时代内涵,丰富乡村文化的表现形式,推动乡村文明创造性、创新性发展。把民间优秀的文化、建筑、民族艺术等融入课堂。加强对农村优秀戏曲曲艺、少数民族优秀传统文化的传承与保护。完善文化振兴机制,保持当地优秀传统文化可持续发展,比如说,对猴鼓舞的文化传承,应建立多方参与、互动发展的良性机制,加大乡村文化建设投入,缩小城乡文化差距,加强乡村文化队伍建设,夯实乡村文化振兴基础
	加强农村公共文化建设	整合文学与传媒学院、音乐舞蹈学院资源,积极创作"三农"题材的优秀文艺作品,开展乡村文化振兴实践的文艺演出,充分展现新时代"三农"的精神面貌。利用高校公共事业管理、公共文化管理等相关学科知识,纵深推进公共文化建设,把高校的公共文化资源向农村重点倾斜,加强乡村公共文化建设。政府部门要出台相应政策,提高农民对乡村公共文化的建设热情
	开展移风易俗行动	发挥学校教育的功能,加强对传统文化"取其精华,去其糟粕"的思想宣传。让农民的高校子女参与农村移风易俗行动,带动父母摒弃落后观念、陈规陋习。抓住阻碍农民思想进步的关键因素,加强农村科普工作,提高农民的科学文化素质,助力移风易俗行动的开展。学生要多向家中传播科学文化知识,让"下一代"影响"上一代"

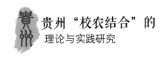
治理有效是基础	加强农村基层党组织建设	高校是农村基层党组织建设不可或缺的重要力量。做好基层党员和干部的培训工作，要不断创新高校党组织形式，发挥先锋模范作用，带动基层组织建设与发展。扎实推进党建促进乡村振兴，做好高校党组织与基层党组织的人员对接输送、深化沟通工作，对农村党员定期培训等 不断完善监督制约机制，着力解决基层权力约束不利、用权失范等问题。全面强化农村基层党组织的核心领导地位，促进农村基层党组织建设，提高党员为人民服务的意识
	深化村民自治实践	坚持以自治为基础，把高校的优势资源、服务、管理下放到基层，鼓励高校师生深入农村，形成带动效应，引导农村群众性自治组织的建设；为健全和创新基层组织增添生机，为带动村民自治实践注入活力 建立健全基层群众自治制度，明确目标、任务、指责和工作流程；同时，将村民小组当作相对独立的农村社区，作为村民自治的基本组织单元
	建设法治乡村	高校政法系、法律类专业的师生深入农村实地勘察，给广大农民宣传坚持法治为本的思想，树立依法治理理念，强化法律在维护农民权益、规范市场运行、农业支持保护、生态环境治理、化解农村社会矛盾等方面的权威地位 延伸服务触角，拓宽服务视野，大力开展对村民的全方位教育工作，为村民捐赠有关文化和法律的书籍，发放法律宣传单和法律宣传手册等
	提升乡村德治水平	充分发挥各大高校教育学、思想道德教育等专业的学科优势，形成专业团队。深入挖掘乡村"熟人"社会蕴含的道德规范，结合时代要求进行创新，要强化道德教化作用，引导农民向上向善、孝老爱亲、重义守信、勤俭持家。专业化辅助旨在建立乡村道德激励约束机制，引导农民自我管理、自我教育、自我服务、自我提高，实现家庭和睦、邻里和谐、干群融洽。 多设计"好媳妇""好儿女""好公婆"等评选表彰活动，多开展寻找最美乡村教师、医生、村干部、家庭等活动。利用新闻传播学专业的相关知识，深入宣传道德模范、身边典型的好人事迹，弘扬真善美，传播正能量
	建设平安乡村	高校为乡村平安输送专业治安人才，维护乡村稳定；政法专业为乡村平安输送治安制度体系；发挥高校思想政治教育的作用，营造和谐、团结、友爱的平安乡村氛围 健全落实社会治安综合治理领导责任制，大力推进农村社会治安防控体系建设，保持农村经济发展与社会稳定之间的相互协调，促进农村安定有序，农民群众安居乐业、和睦相处，贯彻落实科学发展观，构建社会主义和谐社会

续表5—9

生活富裕是根本	优先发展农村教育事业	鼓励师范类高校大学生积极下乡，加强农村教师队伍建设，师资力量向农村倾斜，推动农村教育事业优先发展 根据不同乡村类型，进行学校布局规划，强化乡村义务教育学校的建设和质量提升，改善贫困地区学校的基本办学条件，提高教学质量 把脱贫攻坚、乡村振兴纳入教学大纲，教学任务并融入课堂。让脱贫攻坚、乡村振兴两条重大主线能够充满生命力，与时俱进，实现永久可持续发展
	促进农村劳动力转移就业和农民增收	发挥职业技术院校技术技能引导优势，把职业技能培训推向农村，加强技术扶持，满足农民的技能发展需求，推动农民创新创业，促进农民多渠道就业，提升农民就业的质量 定期开展入村技能培训，与农民积极互动，对传统的家庭手工艺术、手工作坊开设相应的对口专业，提高传承和发展质量 以农村劳动力转移就业促进农民增收，切实加强农村劳动力转移就业工作，提高劳务经济收入在农民收入中的比重
	推动农村基础设施提档升级	把各大高校电学、水利工程学、房地产开发与管理、物流、通信工程、广播学、机械电子工程等优势学科资源重点投向农村，推动农村基础设施建设提档升级
	加强农村社会保障体系建设	各大高校加强社会保障理论研究，要利用好社会保险学、社会养老保险学、管理学、资源优化配置学等学科，完善城乡基本医疗保险和大病保险制度，做好扶持救助工作 进一步完善农村社会保障制度，加大公共财政投入，降低农民医疗费用、提高低保户的收入，完善现有贫困群众最低生活保障制度，加强农民保障意识教育
	推进健康乡村建设	各类医科大学应有效融入基层医疗卫生服务体系、农村卫生院建设，并重点向农村输送医疗人员，加强慢性病、精神病、职业病、重大传染疾病等各类病种防治工作，为农民购买中西药提供建议指导 强化农村公共卫生服务，加强慢性疾病综合防控，大力推进农村地区职业病和重大传染病防治工作，强化农村疾病预防控制工作，规范推进基本公共卫生服务项目实施
	持续改善农村人居环境	鼓励引导高校师生利用环境科学、新能源科学与工程知识为改善农村人居环境出谋划策，完善农村农户厕所无害化改造，厕所粪污得到妥善处理或资源化利用，为推进"厕所革命"提供智力支持。建立管护机制，开展农村人居环境整治，提升人居环境质量

中、小学助力乡村振兴情况见表5—10。

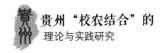
表5-10　中、小学助力乡村振兴情况

乡村振兴	提供市场对接，形成稳定的后勤市场。以"营养餐"需求侧拉动农业生产供给侧结构性改革，以需求带动生产，推动绿色农产品生产、绿色深加工。进一步打造独具特色的产学园基地，在满足绿色农产品需求的同时，为课堂教学注入活力，转变教学方式，让学生体验农业生产、加工等流程，促进学生综合素质提高，形成"农业+教学"的亮点。同时，为脱贫攻坚、乡村振兴培养专业型人才，为乡村可持续脱贫、可持续发展注入新血液、新希望

"校农结合"在脱贫攻坚和乡村振兴中的桥梁和纽带作用见图5-4。

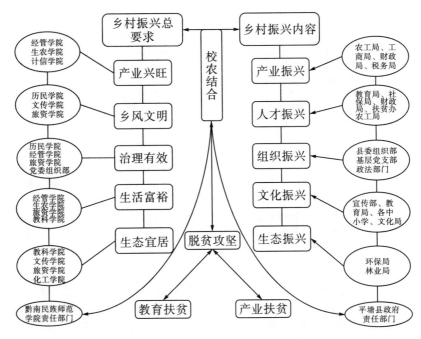

图5-4　"校农结合"在脱贫攻坚和乡村振兴中的桥梁和纽带作用

（5）攻克技术难关、鼓励创新产业、吸引劳动力回流

①攻克技术难关

以贵州省农委专家为领军人物、黔南民族师范学院各二级学院的技术专家为成员，转变农业培训方式，利用现代多媒体技术，通过图片和视频的方式吸引农户的注意力，通过图片对生产中出现的问题进行分析讲解，从而增强农户的兴趣，提高他们在生产、农产品病虫防治方面的能力。

引入专业的农业生产培训公司或者开设技术培训班，实施精准培训，因地制宜地开展各种实用技术培训，要把培训的内容与农户实际生产需要结合起

来，提高农户的生产技术水平和农产品质量。

政府加大培训资金投入，提高农业技术人才待遇，留住人才、用好人才，使人才真正进入田地为农民服务。黔南民族师范学院对农户进行农业种植技术、管理技术培训，从根本解决了农户在种植和养护上存在的技术问题，切实提高了农产品质量。（卡蒲毛南族乡技术金字塔链模式见图5-5）

省	领军人物：省农业技术专家
校	黔南民族师范学院生农学院、化工学院黔南州农委技术专家
市（县）	平塘县农工局技术专家 平塘县科技特派员和科技副职
乡（镇）	乡镇农业技术专家种植 养殖大户、民间工匠
农户与学生	基层农户与黔南民族师范学院、黔南职业技术学院学生

图5-5　卡蒲毛南族乡技术金字塔链模式

②创新产业发展思路

一是激发小微企业的创新意识，带动农村产业的发展。创新是发展的动力，企业的发展应该因地制宜、不断创新，从农村产业中找到创新途径，就是要从农业生产中找到企业发展的方法。二是实现小微企业与农业一体化发展。小微企业带动农业的发展，农业给小微企业带来利益，二者共同进步、共同发展，实现小微企业与农村产业相互依存、相互促进。三是发展区位优势，推动三产融合。

首先，充分发挥乡村文化、自然风景等优势资源发展旅游业。卡蒲毛南族乡是毛南族聚居地，少数民族文化资源丰富，可打造体验毛南族刺绣、欣赏猴鼓舞、欢度毛南族节日等旅游项目。其次，结合当地农家乐等产业，发展现代化乡村服务业。根据当代人生活的需求，发展特色农作物，在原材料产地建立食品加工厂。再次，政府组织对原有学校进行修缮，推动建设新学校，为学生创造良好的学习环境。政府可以鼓励引导企业投资，为学校更换更好地教学设备提供条件。最后，高校要加强对当地学校师资力量的支持，加派师范类毕业生去当地支教，为当地教育注入新活力。高校还可以邀请专家对当地教师进行专业的教学技能和教学知识培训，提升当地教师教学水平。

搭建多元化服务平台。全面提升卡蒲毛南族乡供给农产品综合服务质量，当地有关部门要积极主动引导当地企业和村集体经济组织利用"互联网＋"技

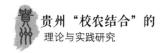
术，积极与淘宝、京东、惠农网、中国农产品网合作，将当地农产品信息上传至这些网站中。统筹现有的物流网点，提升物流服务网点质量，继续推进"校农结合"方式打造出的农产品物流网络体系和冷链贮藏设施的建设，充分利用当地电子商务网点，保证农产品有效供给。

③强基础、攻难关、补短板，创新产业发展模式

因地制宜，选好产业模式。一是针对平塘县耕地分散、坡度大等问题，深入实地调查了解，综合考虑当地气候等多种自然因素，因地制宜选择适合当地自然条件的种植品种，降低管护、劳作成本，保证农作物存活率。二是调整产业结构，避免单一产业发展带来的弊端，转变产业发展方向，坚持种植养殖业相结合，杜绝自然条件恶劣带来的不利影响。三是鼓励农户通过土地流转、合作生产、规模种植、统一集中管理，防止因土地细碎化导致的产能过低、经济效益低。

传统种植和养殖难以给农民带来经济效益，应加强对新品种的选种与培育，但不是所有的品种都种植，而要科学选种。创新才能发展，品种也有老化的过程，需要及时创新，培育新品种。利用"校农结合"高校智力优势，不断对农民进行培训，提高农民的种养植技术，引导农民进行新品种培育，并结合当地资源特点开发新项目，产销结合，帮助卡蒲毛南族乡积极引进、培育新型科技产业，升级经典模式。

升级"定点采购"模式。高校具有很大的市场，还有极大的人才资源，在"学校+银行+合作社+农户"模式中，学校既是农产品销售地，又是人才资源输出地，要充分整合高校毕业生资源，更好助力脱贫攻坚。银行应融入农村发展产业链，通过资金入股等方式，有效解决农村发展"缺资金"的问题。银行入股还可扩大农村产业发展规模，提升产业发展知名度，而银行可以在年终分红的时候获得红利，但这种互利共赢的方式，还需要双方相互监督、共同进步。合作社应在农村家庭承包经营的基础上，由农民自行组织、自愿联合、加入互助性经济组织，成员多由农民组成，其他成员不可超过总人数的5%。"学校+银行+合作社+农户"能够充分发挥合作社在人力资源和农业生产、销售、加工等过程中的优势，扩大产业规模。农户是生产的主体，靠农业而生。在生产过程中，如果缺少生产技术，会出现质量下降、病虫害增多、农药使用超标等问题。一般的农业生产者，没有足够的资金对农产品进行深加工，因此难以提高农产品的附加值。总的来说，"学校+银行+合作社+农户"这种模式是行得通的，它可以将各种优势充分发挥出来，补足农业生产中的个体短板，值得在现代化农业生产中加以推广。

升级"产业培扶"模式。推动"配额换订单"真正落地，要让配额换订单具体化、明细化，遵循农业生长自然规律，建立稳定合理的采购时间机制，辅助推进冷链物流体系建设，避免学校采购期和农产品丰收期错配，让农户有充分时间种植养殖符合标准的高质量农产品。黔南民族师范学院要继续发展科技农业项目，完善农残检验综合实验室基础设备，派遣专业农业技术人员，充分调研当地土质环境，因地制宜，引导农户发展特色农业。开办"校农结合"培训班，组织学生进行实地考察，驻扎当地进行理论研究，调动学习氛围吸引农户主动学习，让农户自愿加入培训班，引导农户主动调整产业结构。

升级"基地建设"模式。目前黔南民族师范学院在卡蒲毛南族乡的200亩"校农结合"种植示范基地，为各地的基地建设提供了样板，但仅停留在目前的标准上是远远不够的，需要将"基地建设"提高转型升级，向更高的标准看齐。"加大科技创新投入以及提高技术效率和配置效率是城乡经济继续保持中高速增长的关键。"① 加大科技创新建设，强化新型农业基础，将基地提升为省级基地，成立现代化的农业研究院，为新型农业培育提供了良好的基础设施。基地加大与高校"生农学院"之间的合作，可以发现、培养、引进高校优秀毕业生，促进数字农业和生态农业进一步发展，积极利用大数据监管提供优质的信息服务。此外，还可将无人机引入农业生产监测中，从而对自然气象灾害和病虫害等进行有效监测，实现绿色生产。

升级"示范带动"。作为示范带动者，应该用简单的方式向其他学习者进行展示，而不是让别人理解枯燥无味的长篇大论，这种方式会使别人产生不耐烦的情绪，无法起到示范作用。生产基地要随时欢迎人们参观，工作人员要积极为别人讲解。还可以为各地区的农户展开培训，既要打造现代农业生产基地，又要打造新型农民培训基地，促进区域协同发展。

④吸引大量青壮年劳动力回流

一是政府组织对原有学校进行修缮，推动建立新学校，为学生学习创造良好的学习环境；二是政府可以鼓励引导企业投资学校，为学校更换更好的教学设备；三是高校加强对当地学校师资力量的支持，加派师范类毕业生去当地支教，为当地教育注入新活力；四是高校邀请专家对当地教师进行专业的教学技能和教学知识培训，提高当地教师教学水平；五是招商引资，吸引外出务工人员回乡就业、创业，同时为回乡创业人员提供资金、政策、技术、信息等方面

---

① 贾晋，高远卓.改革开放40年城乡资本配置效率的演进［J］.华南农业大学学报（社会科学版），2019（1）：24—32.

的扶持,针对本地企业用工需求开办专业技能培训班,推动项目建设和就业培训同步进行。

(6)打造示范点、发展绿色农业、提高市场竞争力

①打造专业化、产业化、市场化的示范点

专业化:对传统农业进行技术改造,推动传统农业向现代农业转变,加速推进农业现代化、专业化。引进各种先进农业科学技术,加强政策引导,充分发挥各个村和各个企业的优势,提高农业机械化和农业科学技术水平,增加农业经济效益,实现农业专业化。明确生产格局,打造"一村一品"或"一村两品"的产业特色,一个村有至少一种主导产品,构建村与村之间优势互补的框架,采用现代农业专业化和农业现代化的种植养殖方式。

产业化:以市场为导向,以经济效益为中心,推动农业产业化。优化组合各种资源,分析各种生产要素,实行专业化生产、规模化建设、企业化管理;确定主导产业,实行可行性、专业性区域布局,依靠龙头企业扩展经营规模,实行"市场牵龙头+龙头带基地+基地连农户"的产业模式,使农民农业走上自我发展、自我调节的发展轨道,打造现代农业产业化和农业现代化的经营方式。

市场化:以村集体为核心,农户为成员,推动农业市场化。一是明确农业生产资料产权。二是制定和规划"企业+农户"的市场化经营模式,充分发挥政府在经济运行过程中的作用,大力宣传市场化经营的意义,形成市场化经营的共识。三是加强诚信建设,提高农户对市场化经营的信任度,打造现代农业市场化和农业现代化的销售方式。以传统农业技术改造为重点,以市场为导向,以经济效益为中心,以村集体为核心,以农户为成员,打造专业化、产业化、市场化的示范点。

②大力发展绿色农业,提高市场竞争力

一是发展生态农业是有效利用土地资源的一种方法,是对农民的小农思想进行教育与引导,是将促进农业发展、农村建设、农民致富有机结合的一道桥梁。生态农业的发展对环境的依赖性较强,只有因地制宜、因时制宜、因村施策,才能合理布局农业生产力,从而适应最佳生态农业发展,最终搭建优质、高产、高效的产业结构。

二是开发绿色有机的农产品,首先要积极寻找资金和政策的支持,积极利用政策支持,解决绿色有机农产品在标准化生产、绿色产品认证上的问题,打开绿色农产品市场,扩大生产规模。同时,打造绿色有机农产品基地,运用自

然资源进行农业生产，遵循自然发展规律，按照绿色有机农业的高标准，优化使用农药、化肥、激素和基因工程技术等，生产高质量、无污染的绿色有机农产品。

三是农牧结合、生态养殖。合理布局畜牧业与种植业，实现农牧业资源共享（比如将牲畜粪便加工成有机肥，用于农业种植），严禁喂养牲畜饲料，采用喂养绿色食品的方式。

四是重视品牌的打造。加大对绿色有机农产品的宣传，提高农产品的知名度，利用现代技术，对农产品的生产过程、标准进行公示，提高绿色有机农产品的公信度。

（7）打造"校农结合"品牌，推进"两大"工程建设

打造"校农结合"品牌。高校利用现有社会人脉资源，广泛宣传"校农结合"，打造独有的"校农结合"品牌，提升"校农结合"影响力。政府与学校共同组织成立"校农结合"农产品宣传小组，比如，可以将农产品名称融入当地毛南族民歌之中，歌传万家，丰富农产品的宣传方式。此外，召开"校农结合"农产品展览会，让收购者实地感受"校农结合"农产品的特别之处；充分利用电商平台和网络宣传效应，实现线上线下联合宣传。

推进"乡厂校店"工程。延长产品产业链，实现第一、二、三产业联动发展，打造毛南族特色产业链，建设粮食加工厂、制糖工厂、制茶工厂等农产品加工厂，引导农户建立家庭小型加工作坊，推进第二产业发展。支持和帮扶相关小微企业，将小微企业打造成农产品和特产售卖点，借助电商物流平台，开设毛南族特色农产品网店，继续推进物流运输基础建设工作，争取降低物流成本。政府要多与银行合作，拓展多元化金融服务模式（如金农信e家、农户创业贷款基金），创建现代农产品产业基地（如蓝莓基地产业园、刺梨生态林业园），打造观光农业、休闲农庄、绿色农家乐，建设农户愿意种、公司愿意收、游客愿意买的全域农业旅游示范点。

推进"村品家厨"工程。政府对建设农业合作社进行资金和政策上的支持，以资金补贴方式鼓励农民加入合作社，打造全民参与的农业合作社，在此基础上，建设农产品家庭厨房，让合作社农产品直接进入家庭厨房，打造生态农产品生产、制作、销售"一条龙"，让游客体验到农村一体化式的便捷服务。以原生态、新鲜、快捷为特点，打造出卡蒲毛南族乡独特的家庭厨房模式，增强品牌效应。同时游客还可以体验自己采摘、制作的过程。城市消费者可以通过卡蒲毛南族乡网络平台线上下单，农户再通过快捷的电商物流平台，将农产

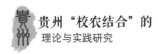

品送到城市消费者手中，让消费者享受到快捷的购买配送服务。

（8）志智双扶，增强农民内生动力

一是加大思想教育宣传，普及科学文化，灌输新思想、新文化、新理念、新风尚，激发农民自主发展意识，积极引导农户由"带我发展"的传统思想向"我要发展"转变，消除"等、靠、要"的消极思想。改变传统观念，做长远规划，勤劳致富。二是基层干部转变工作方法，对农户进行实地培训，加大科普宣传，做好素质教育工作，以通俗易懂的方式方法宣传讲解，增强农民的理解能力，提高群众思想觉悟，树立正确的价值观，杜绝不诚信交易，提高信誉，从而达到与收购商和其他企业的长期合作，保证农户销售渠道稳定畅通。

（9）健全考核问责机制

针对当前推进"校农结合"进程中部分二级学院产销对接主动性不够、积极性不高、落实不到位、工作"疲软"等问题，建议学校党委建立健全并完善"校农结合"产销对接考核机制，将"校农结合"产销对接考核机制纳入年终评优评奖、职称考核、干部考核体系中，同时建立健全监督机制。

6. 卡蒲乡"校农结合"实践的启示

当前，贵州省的精准扶贫进入攻坚阶段，作为地方高校，要想在这场攻坚战中充分发挥自己"排头兵"的作用，使贫困地区和贫困户精准脱贫并逐步走向小康，就必须创新扶贫模式，使扶贫工作体现在"精"上，落实到"准"上，这样才能取得实效。

（1）强有力的工作机制是保障

黔南民族师范学院坚持把"校农结合"作为扶贫攻坚的优先任务和发展教育事业的重点工作，并实施了一系列强有力的工作机制。一是成立由校党委书记任组长、校长任常务副组长，其他分管领导、职能部门、二级学院负责人为成员的"校农结合"工作领导小组和工作专班，制定下发了《黔南民族师范学院关于开展平塘县人口数量较少民族村整体脱贫工作的实施方案》（校党政办发〔2017〕2号）和相关工作任务计划表，并制定了一系列相应奖惩措施，做到年初有计划、季有调度、年终兑现奖惩。二是安排专门扶贫工作经费20万元（其中直接到村经费10万元），完善配套措施和其他必要资源，确保工作顺利开展。三是把"校农结合"与党建扶贫相结合，制定下发"脱贫攻坚一线考察识别干部"系列文件,先后派出 8 名干部驻村蹲点。四是将"校农结合"列入年度学校各二级机构目标考核、书记述职述廉内容,适时开展专项督导,推动各二级机构履行责任。五是与平塘县委县政府联合,将该县相关部门和学校的二级机构捆绑,明确各自的工作职责,细化、分解、落实各自的目标任务,并定期检查考核,形成多方联动,共同推进"校农结合"。

(2)"精准"是取得成效的关键

精准实际在于坚持实事求是、结合实际,这样做扶贫工作才有针对性,才能取得实效。黔南民族师范学院在"校农结合"扶贫工作中,通过认真调查研究,结合学校和卡蒲毛南族乡的实际,采取一系列有效措施,真正做到精准,因而取得了实效。例如,在产业培扶上,结合卡蒲毛南族乡的实际,重点围绕种植养殖业、农林牧业、乡村旅游业,帮助引进、打造、推广脱贫致富重点项目。在农产品品种、种植、养殖上,根据学校的需求和该乡的实际情况,坚持"有所为、有所不为"的原则,有针对性地指导农户(合作社)"按需生产"、定点采购。并与地方政府紧密结合,制定统一规划,整合各方面力量和生产要素,迅速推动产业的形成,并实现贫困户增产增收。

在农产品采购上,早期实行的是学校直接面对农户采购的方式,出现了量少成本高、质量不稳定、规格不一等诸多问题,经过探索,"学校+龙头流通企业+合作社+农户"的成熟模式最终形成,通过龙头企业与合作社、农户的连接,形成学校消费、农户生产、龙头企业统一配送、政府引导扶持的多方共赢链条,诸多问题迎刃而解。并在省教育厅和地方政府指导下,建立区域高校"校农结合"联盟,实行配额换订单,让更多贫困村、贫困户在龙头企业平台上互补供给受益,既解决了量少运输成本高的问题,又解决了学校需求品种多、难以满足需求的问题。

(3)"扶志"与"扶智"是扶贫的核心

习近平总书记指出:"扶贫先扶志,扶贫必扶智。"一些贫困农户之所以难以脱贫,原因在于缺乏脱贫致富的信心和勇气,存在"等、靠、要"的消极思想。要想使这部分人脱贫致富,最重要的就是帮助他们改正错误思想,树立脱贫致富的信心。黔南民族师范学院通过支农支教、大学生社会实践和科技文化"三下乡"等多种方式,向贫困农户宣传党的方针政策,特别是社会主义新农村建设、全面建设小康社会等,对激发贫困农户脱贫致富的信心起到了重要作用。一些农户虽然有脱贫致富的信心,但缺乏相应的知识技能,因此在"扶

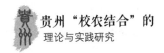

志"的同时还必须对他们进行"扶智",使他们学习和掌握现代农业科学知识。黔南民族师范学院除了帮助卡蒲毛南族乡在经济社会发展、民族文化建设、乡村旅游发展等方面进行规划和指导,还派出专业技术人员深入村寨进行农业科技的现场指导和科技帮扶,对提高农民的农业科技水平起到了积极的作用。

(4)要有前瞻眼光和长效思维

黔南民族师范学院在"校农结合"扶贫攻坚中,不只停留在当前做什么、怎么做的层面上,而是立足现在、放眼未来,在立足现实的基础上做出长远规划,不断深化"校农结合",推动扶贫攻坚工作向纵深发展。例如对教师进行培训、对贫困生重点帮扶、招生时向贫困乡考生倾斜等教育扶贫手段,立足点是未来的人力资源。围绕当地资源优势,帮助农民做好产业发展规划和转型升级,立足点是产业的发展。深入推进"校农结合"逐步做到"三个推广",立足点是整个毛南族地区的脱贫致富。只有具有前瞻眼光和长效思维,"校农结合"才能实现可持续发展,帮助贫困农户脱贫致富共奔小康的目标才能真正实现。

(5)要多方配合协作,形成合力

精准扶贫是一项系统工程,需要多方配合、协作,形成合力才能取得实效,黔南民族师范学院"校农结合"精准扶贫取得成效,离不开政府的正确领导,离不开各方的协作和支持。因此政府在政策和资金扶持上要给力,各单位、各部门在协作上要鼎力,高校在扶贫模式和方式上要有力,扶贫人员在工作上要尽力,扶贫对象在思想和行为上要助力。只有形成强大的合力,才能使精准脱贫目标得以实现。

黔南州各县(市)、各学校积极参与到"校农结合"的工作之中,探索区域"校农结合"模式,除了上述的黔南民族师范学院、平塘县与惠水县"校农结合"模式以外,许多中小学校以2012年全面实施的义务教育阶段学生营养改善计划为契机,将"校农结合"与营养餐计划结合,既满足了学校食堂对优质农产品的需求,又为农产品的销售提供了一个稳定、庞大的市场,解决了农产品销路问题。如贵定县四中与贵州民天康源食品服务有限公司合作,采取"学校+营养餐+基地(合作社)+农户(贫困户)+公司"的模式,为减少学校人力资源的消耗量,学校与公司签订营养餐的熟食配送协议,既满足了学生对伙食的多样化需求,又推动了学校、公司、农户共同发展。长顺县四中将学生营养改善计划与"校农结合"相结合,并引导公司参与,建立"校农结合"

种养殖基地 4 个（生猪养殖基地 2 个、300 亩蔬菜种植基地 1 个、120 亩蔬菜种植基地 1 个），截至 2018 年上半年，长顺四中学校食堂通过"校农结合"平台采购农产品数量占食堂采购总量的 62.9%，金额达 700 余万元；贵州交通职业技术学院等 10 余所高校与贵州绿通惠农大数据有限公司合作，打造"学校＋企业＋农户（贫困户）"的"校农结合"扶贫产销链，使"校企农"对接成为常态；贵州装备制造职业学院通过"校农结合"购买农产品供学校食堂、教职工使用，不仅带动荔波县佳荣镇甲料村（深度贫困村）农户脱贫，还实现了"田园"直供学校"食堂"，保证了学校食堂农产品的绿色生态环保。此外，贵州省民政厅同意黔南民族师范学院设立"校农结合"研究会，在强调学校育人为本的特点的同时，突出学校教育扶贫的"造血"功能，激发农户脱贫致富内生动力。

（四）惠水县"校农结合"实践调查

党的十八大提出"精准扶贫"战略思想，精准扶贫要做到把人民的利益放到第一位，产业扶贫要坚持因地制宜发展原则。党的十九大要求进一步推进精准脱贫战略。"校农结合"作为最新的扶贫模式在贵州省各个市、县以及乡镇得到了广泛推广。惠水县积极贯彻党中央精神，按照贵州省人民政府 2018 年开展的"校农结合"助力脱贫攻坚的春风行动令要求，遵循"营养安全、脱贫致富"的原则，将"校农结合"在惠水县扶贫工作中的作用发挥得淋漓尽致。

1. "学校＋公司＋合作社＋农户"模式

惠水县的"校农结合"工作采取"学校＋公司＋合作社＋农户"的模式，学校、农户与公司达成了产供销服务协议。惠水县逢源贸易有限公司绿康源分公司于 2015 年通过统一招标获得惠水全县统一采购、加工配送与结算的农村学生营养餐食材配送服务资质，服务惠水县 130 多所学校。

一方面，该公司与 19 个主要由贫困户组成的合作社签订了农产品收购合同，合同金额高达 2118 万余元，前后共订购各类蔬菜 100 万公斤、大米 83 万公斤、生猪 45 万公斤。截至 2018 年 9 月 20 日，该公司通过"校农结合"平台，采购农副产品数量达 155 万公斤，金额达 1530 余万元。绿康源公司在 2018 年底，采购本地农产品金额达 2700 万余元，惠及 4000 余户建档立卡贫困户，9000 余人实现年均收入增加 3000 元。

另一方面，绿康源公司为确保食品安全，专门设立农产品检测部门，通过

物理与化学检测对农产品农药、防腐剂、添加剂、重金属等含量进行严格把控，努力打造绿色无污染的农产品销售平台。同时，为了保证农产品的质量，该公司全程采用冷链配送，防止农畜产品在存储运输过程中腐烂变质，这一存储配送程序不仅简单高效，而且避免了食品安全与质量问题，有效地推动了"校农结合"的高质量发展。

2. 建立"校农结合"基地与合作社

贫困农户的收入基本来源于务工、出租土地、种植养殖等方面，为助推脱贫攻坚，实现农民增收致富，惠水县大力开展"校农结合"工作，通过建立"校农结合"基地与农民合作社进行合作，实现"定点采购、产业培扶、基地建设、示范引领"，以此降低消费运输成本，推动农业产业化发展，扩大"校农结合"涉及范围，引导和鼓励农户参与到"校农结合"的发展建设中，激发他们的脱贫攻坚内生动力。截至 2018 年上半年，惠水县已建成蔬菜基地 17 个，分别种植白菜、佛手瓜、青菜、香菇等。惠水县校园营养餐配送中心已与县内 8 家贫困村种植养殖专业合作社建立了合作关系。为解决贫困户缺乏资金的问题，合作社向贫困户提供了其发展所需物资和技术等，如化肥、蔬菜种苗、种植设施以及种植技术、检测技术培训等。截至 2018 年 9 月，"校农结合"通过合作社向农户收购了蔬菜 50 万公斤、大米 150 万公斤、肉类 50 万公斤，共计 250 万公斤，带动 1257 户贫困户每户年收入增收 2000~3000 元。

3. 完善校园营养餐计划，为"校农结合"提供稳定市场

从 2012 年学生营养改善计划进入贵州省至今，惠水县农村义务教育学校学生享受营养改善计划人数达 27 万人次，享受资金大约 1.9 亿余元，减轻了上万农村家庭尤其是贫困户家庭的经济负担并解决了学生的营养问题。"校农结合"工作的开展，连接了校园营养餐计划的实施与农业农村的发展，使学校资源与乡村振兴战略有效对接，不仅为营养餐计划提供了便捷的采购渠道，也为农户解决了农产品销路问题，使农户的致富之路和学生的营养餐相辅相成，营养餐的需求带动农产品的发展，农产品的发展为营养餐提供食材保障。

2018 年 4 月 19 日，省教育厅以及学生资助管理办公室的工作人员到各校考察中小学生营养改善计划工作的开展情况，并对"校农结合"的种植基地实地进行考察，确定惠水县下一步将会加快学校食堂的建设，扩宽供餐原料区域，确保学生都能吃上绿色健康的蔬菜，保证食品安全，并减少贫困户数量，早日实现脱贫目标。

（五）贵州"校农结合"的基本经验

"校农结合"成效显著、影响深远，主要得益于"抓住了七个点"。

1. 以销定产、产销对接抓住了切入点

农业产业发展是脱贫攻坚的基础和支撑，而畅通的销售渠道是发展农业产业的重要保障。以销定产是指按照市场和订单需要组织生产。以销定产，有价格保底的机制，打消群众"农产品销路难"的思想顾虑，保障了农民群众的利益。产销衔接关系到农产品能否从生产顺利走向市场、满足消费。将农产品销售作为重点工作和关键环节，动态掌握主要农产品的预计产量、上市时段、上市数量、主要销售渠道（目标市场）、订单签订等具体情况，专人负责、全程跟踪，逐区域、逐品类对接市场、落实销路。确保农产品有稳定销售渠道，健全农产品产销稳定衔接机制。

2. 整体推进、重点突破抓住了联动点

整体推进是脱贫攻坚、全面小康的内在需要，重点突破是推进改革向纵深发展的基本要求；整体推进是重点突破的最终目的，重点突破是整体推进的必然路径。抓住问题关键、紧盯重点问题，以问题为导向，从解决老百姓"卖难"问题入手，在不断遇到问题、不断解决问题的实践过程中前行，遇到问题就研究解决问题，共同谋划、逐步解决。加强组织领导、统筹推进工作，严肃工作纪律，注重协调统筹，进一步打造特色亮点。通过项目规划、科技服务等有效途径，狠抓工作落实，以重点突破带动其他改革，实现了整体有推进、重点有突破、"一仗多赢"。

3. 以解决农民实际困难为主线抓住了关键点

以抓紧、抓实、抓好、抓出成效为目标，切实加强领导，明确责任、加大力度、狠抓落实，打破常规，采取有针对性的措施，统筹调动各方面的力量，切实解决农民实际困难，切实保障农民合法权益。如由政府统筹规划建立若干种植养殖生产基地，由省供销社所属的农产品流通企业作为购销平台，与农村专业合作社、家庭农场、生产大户以及农产品生产企业组织订单生产，按合同收购，再按需要统一配送至"校农结合"集团各成员学校，实现订单生产、合同收购、按需配送、引领产业统筹运行。全省学校食堂采购贫困地区贫困户生

产的常见农产品总量和比例均有较大幅度的增长和提升，确保了对贫困地区、贫困农户发展产业的有效引领，形成一定规模并不断扩大。

4. 扎实推进，精耕细作抓住了示范点

脱贫需要产业支撑，要有切实可行的工作推进计划。提升需求引导产业生产的精准性，促进贫困群众生产增收与乡村经济产业结构调整，既关注贫困群众的现实，又立足于产业的长远可持续发展，校农、校地结合，形成合力，认真落实推进以往的各项合作协议，做大做强"校农结合"，打好脱贫攻坚的组合拳。苦练内功、脚踏实地、精耕细作，紧跟市场、选准项目，统起来、明起来、活起来、实起来，确立了"面上推进、点上突破、点面结合、不断深化"的工作思路，以购买引领生产、以集团化（联盟）统筹流通的工作方法，加快推进"校农结合＋合作社＋贫困户"模式下农业产业的健康发展。

5. 以增强内生动力为目标抓住了根本点

各地充分发挥高校技术优势，立足农村实际，以试点带动片区，再辐射到全省各贫困地区。"校农结合"不仅增强了贫困农户战胜贫困的信心，还激发了贫困户内生发展动力。随着"校农结合"帮扶模式产业布局的不断优化和效益的不断凸显，发展产业的内生动力不断增强，引进新品种、推广新技术、降低生产成本、拓展新市场，极大地调动了农民发展产业的积极性和主动性，有力加速了脱贫攻坚进程。"校农结合"既增强了贫困户战胜贫困的信心，激发了贫困户发展内生动力；又在高校配套帮扶中提了农户生产经营技能，实现"扶贫"与"扶智"有机结合。

6. 以实现教育大转型为根本抓住了立足点

贵州省教育厅实施教育扶贫"1＋N"计划，以"校农结合"为引领和突破，实施包括学生精准资助、职业教育精准脱贫、农村和贫困地区招生倾斜等在内的N项教育精准脱贫计划。脱贫攻坚工作迈开了"新步子"，助推了教育发展。引导教育智力资源前往脱贫攻坚一线，推动高校、职业学校教师科研成果的转化，充分发挥教育服务社会的作用，推动加快了教育转型发展。各校利用采购上的规模优势、创新上的人才优势，在采购数量上做加法，在采购模式上做文章，积极整合学校资源，充分发挥智力资源优势，主动对接地方主导特色产业，积极开展团队绿色产业扶贫，强化科技服务对产业的支撑作用，实现了扶贫从被动到主动的转变，形成了可持续发展的长效机制。

7. 助推"乡村振兴"战略抓住了能动点

党的十九大报告指出,"三农"问题是关系国计民生的根本性问题,必须始终把解决好"三农"问题作为全党工作的重中之重。"校农结合"起初由黔南民族师范学院以"学校食堂＋贫困村农产品"模式为灵感,推广到全省各地。"校"涉及幼儿园、义务教育、高中教育、大中专教育以及高等教育等范围。而发展中的"农"则扩展到"三农"。在省委、省政府的支持下,贵州省发布了首批100个高校服务农村产业革命科研项目,涉及种植业、农产品加工等。这些项目将在全省推广落地,切实发挥高校科研力量更好服务全省农村产业发展的作用。"校农结合"将充分发挥学校人才、技术、知识、市场等资源优势,全面助推乡村振兴。

"校农结合"因地制宜,突出科学谋划,以帮扶学校所在地区贫困乡村为重点。根据乡村实际,立足"三农",调整农业结构,促进农村经济发展,提高农民收入水平。促进农村经济可持续发展,为乡村振兴战略的实施打下坚实基础,走出一条具有贵州特色的乡村振兴之路。

"产业兴旺"是乡村振兴的源头根本和基础前提,"校农结合"以遵循乡村发展规律为前提,引导和推动更多优质的资本、技术、人才等生产要素向农业、农村流动,实现第一、二、三产业融合发展,促进产业结构优化升级。推动农业产业结构全面升级、农村全面发展和农民生活水平全面提高。发挥高校教育对农民教育的促进作用,凸显教育对"三农"工作队伍建设的积极促进作用,激发广大农民的积极性、主动性、创造性,为乡村振兴激发关键的内生动力。"校农结合"为"消除贫困、改善民生、逐步实现共同富裕"的目标提供了新的思路,"校农结合"促农业转型、助农村脱贫、为农民谋福,立足"三农",助推乡村振兴战略落地。"校农结合"促进农村经济绿色健康发展,符合科学发展观发展的客观要求,有利于可持续发展。

(六) 贵州"校农结合"实践的启示

自2017年9月贵州全面启动"校农结合"工作以来,"校农结合"已成为贵州省委、省政府在新时代条件下推动产业脱贫、乡村振兴和农业供给侧结构性改革的创新举措,成为促进农业产业发展、服务地方经济建设和保障学校食堂供给的有力抓手,为全国贫困地区实施教育扶贫提供了可资借鉴的宝贵经验,也给人们留下了深刻的启示。

1. 思想解放是前提

教育扶贫是"不务正业",这是对教育扶贫的片面认识。扶贫先扶智,通过教育事业阻断贫困的代际传递,是一项功在当代利在千秋的长远事业。同时,教育扶贫也可以"利在当下"。学校是一个稳定而庞大的消费市场,对于促进贫困群众增收致富、农业供给侧结构性改革和产业扶贫具有立竿见影的效果。

看似简单的"校农结合",却能产生一条"扶贫链":学校采购贫困地区的食材,促进贫困地区农业产业发展,外出农民工因为看到商机而返乡就业,农村空巢老人和留守儿童减少,乡村振兴的人才力量得到保证。

为了提高广大教育系统干部对于"校农结合"的认识,贵州省教育厅主要领导把"校农结合"作为重要工作来进行研究和部署,贵州省教育厅多次下发文件、召开厅党组会议,要求全省教育系统切实增强紧迫感、责任感和使命感,用心、用情、用力参与脱贫攻坚,发挥教育优势助推产业扶贫。2018年4月省委组织的"新时代学习大讲堂"还通过视频会议的方式面向全省乡镇以上教育行政干部专门解读宣讲了"校农结合"。思想认识提高了,全省教育系统在"校农结合"这件事上才能心往一处想、劲往一处使,形成强大的聚合力量。

2. 体制机制是保障

"校农结合"看似是简单的买菜和卖菜问题,实际上涉及教育、农业、商务、质检等多个部门,必须要形成稳定的沟通协调机制才能有效推进。贵州省委、省政府对"校农结合"高度重视、统一部署,省教育厅成立了"校农结合"工作专班,省农委成立了蔬菜种植专班、家禽养殖专班,省商务厅成立了农产品促销专班,三个专班形成了良好的协调合作机制和强大的合力。

作为"校农结合"的主导部门,贵州省教育厅在"校农结合"专班下设立了高等院校小组、职业院校小组、营养餐协调小组、农产品供应协调小组和工作保障小组5个小组,分别负责相关学段学校开展"校农结合"有关工作,并抽调专人负责专班工作。同时,全省各市(州)教育局、各高校也参照这个结构成立了工作专班,积极做好本区域或本学校的"校农结合"工作。全省教育系统织起一张紧密的工作网,为"校农结合"提供了强大的体制机制保障。

3. 产销对接是关键

"校农结合"要让教育系统从教育扶贫逐渐迈向产业扶贫,就必须要遵循产业发展和市场经济的规律,做好产业培育和产销对接,否则就容易"好心办坏事"。为此,贵州省教育厅以产销对接助推产业培育,抓住了"校农结合"的"牛鼻子",建立并完善产销对接机制,主动与省农委、省商务厅和省供销社合作,以学校对农产品的需求为导向,链接农产品生产基地和农产品流通平台,做到产品不愁销路,产业得到扶持,流通渠道畅通,农户和学校利益都得到保障。

4. 质量安全是底线

"高校食品安全工作以'为高等教育事业服务,为进餐师生服务'为宗旨,直接关系到广大学生的切身利益和身心健康,关系到学校和社会的稳定,是高校后勤保障工作的重中之重。"① "校农结合"涉及产、供、销等多个环节,与食品安全、价格管理、仓储物流等多领域紧密相连。安全质量责任重于泰山,不仅要让学生们吃饱,更要让学生们吃好。在贵州省教育厅"校农结合"专班的监督管理之下,各地教育部门与市场监管、食品安全等部门紧密合作,对各校的饭菜质量、食堂卫生、食品安全、资金监管等问题进行监督检查。各地各部门从食品的配送、加工等各个环节严格把关,引进了新型冷链设施进行食材保鲜,利用大数据等信息化手段实现了农产品来源可追溯。贫困群众需要的是经济利益,学校重视的是学生的食品安全,在质量安全为底线的原则下,"校农结合"有效地平衡了贫困群众与学校之间的关系,让双方利益均不受侵害,实现进校产品质量安全、贫困群众销售途径稳定的目标。

5. 技术服务是根本

授人以鱼不如授人以渔,教育系统拥有最广泛的智力资源,不管在农技、管理、销售等方面均可以为广大贫困户提供有益的思路。从农民手中买菜买鸡蛋固然可以帮助农民致富,但若是能让农民学会如何进行种植、管理和销售,这样的"扶贫"更能让贫困群众受益终身,甚至将这种智慧代代相传。

在"校农结合"实践中,贵州教育系统尤其是高等院校要充分发挥智力资

---

① 解成威,王珊珊,杨方.基于农校对接的高校食品安全管理研究 [J]. 中国环境管理干部学院学报,2012(1):89-91.

源优势，推动高校、职业学校教师科研成果转化，充分发挥教育服务社会的作用，从产业指导、技能培训、技术指导、激发内生动力等方面着力，通过委派专家团队，深入各地贫困乡村，以市场需求引导农户科学种植养殖，通过智力帮扶，规范农户种养殖技术规范，如限制农户使用高毒、高残留的农药，引进现代技术等，有效提升贫困农户劳动技能，实现"授人以鱼"向"授人以渔"的转变，巩固了脱贫攻坚的效果，让贫困地区的农户有了脱贫致富的门路和技术，为实现稳定脱贫打下坚实基础。

6. 充分尊重农民主体地位

"校农结合"的初衷是通过教育系统的巨大"内需"去掉农村市场的"库存"，既实现资源的充分有效利用，又为贵州脱贫攻坚战贡献力量，把教育系统力所能及的事情与贫困群众对于美好生活的向往结合起来，贯彻了"以人民为中心"的发展理念。然而在实践过程中，"校农结合"必须要尊重农民的主体地位，教育系统不能以"施助者"和"领导者"的姿态告诉农民该做什么、不该做什么，而应该以"合作者"的姿态，告诉农民"我们需要什么"。农民根据个人意愿，在当地政府的规划和引导下从事生产劳动。尊重农民的主体地位，正是贯彻"以人民为中心"发展理念在脱贫攻坚中的具体体现。

在2018年年初的贵州省委农村工作会议上，省委书记、省人大常委会主任孙志刚强调要来一场振兴农村经济的深刻的产业革命，并提出的农村产业革命"八要素"作为指导，其中排在第一位的就是"产业选择"。那么由谁选择产业？政府？企业？学校？都不是，选择主体应该是农民。只有农民主动选择，才能最大限度激发他们劳动的积极性和内生动力。因此，在"八要素"之外，孙志刚提出要"在转变思想观念上来一场革命"，其中最重要的就是要让农民主动转变思想，让农民自己算清楚种粮食和种蔬菜的账。正是因为充分尊重农民的主体地位，在实施"校农结合"的过程中贵州省教育厅始终坚持广泛宣传和发动群众，让农民主动参与到"校农结合"中，最大限度激发农民的生产积极性。

7. 充分尊重市场规律

既然农民兴高采烈地参与到"校农结合"中来，就不能让他们垂头丧气地离开，必须把握好市场经济下的价值规律、竞争规律和供求规律，让农民种得开心、卖得出去，不能用行政手段代替市场规律，这样最终只会挫伤农民的生产积极性。长期以来，贵州农产品种植都是自产自销、自给自足，农产品的市场化、商品化不高,与省外农产品相比毫无竞争优势,"校农结合"为贵州农产品市场提供了巨大的购买力,但这样的购买力很大程度上是由政策倾斜带来的,一旦失去这样的政策红利,贵州农产品是否能够独自迎接市场经济环境下的各种竞争和挑战?

从"校农结合"实施初期开始,贵州省教育厅就深刻地意识到这个问题,除了提供一时的购买力,更重要的是提供长久的竞争力,引导贵州农产品行业一步步做大做强。最终,贵州省教育厅在多方探索求证之下确立了"购买产品是基础、产业培扶是根本、基地建设是关键、示范引领是目标"的工作思路,形成市场主导、行政引导符合市场经济规律的工作方法,"校农结合"实施一年来,合作地区农户"钱袋子"更鼓了,农业产业结构更优了,农村产业革命也更深入了。

8. 加大人才培养的力度

教育扶贫最根本的目标是解决经济社会发展人才动力不足的问题,农村经济发展之所以迟滞,很大一部分原因就是人才短板难以补齐。"校农结合"的开展在教育系统和农业、农村、农民之间搭建了良好的沟通联系平台,实施产业扶贫的同时,教育系统也迎来了介入农村人才培养的良好契机。

"校农结合"助推教育扶贫向纵深发展,2018 年 5 月,贵州省教育厅印发《关于实施贵州省教育精准脱贫 "1+N" 计划的通知》,即以"校农结合"为引领和突破,实施 N 项教育精准脱贫计划——学生精准资助、职业教育精准脱贫、办学条件改善、教育信息化深化应用、教师素质提升、农村和贫困地区招生倾斜、高校服务农村产业革命、教育对口帮扶、特殊困难群体关爱、脱盲再教育、推普脱贫攻坚等。"1+N" 计划的实施,必将为贵州决胜脱贫攻坚,实现乡村振兴提供巨大的人才动力。

六、"校农结合"快速发展并得以
全面推广的主要原因

（一）"校农结合"具有深厚的实践基础，符合贵州实际

人民群众是历史的创造者，是社会变革的决定性力量。"校农结合"着眼于广大农民的根本利益诉求，抓住了解决农民实际困难这个关键，"校农结合"以增强农民内生动力为根本点，符合广大人民群众的根本利益，是人心所向。实践证明，"校农结合"是新时代贵州精神的重要体现和集中反映，从"校农结合"中得到实惠的广大农民，他们真心支持"校农结合"，也正在以自己的实际行动践行"校农结合"。在脱贫攻坚过程中，学校通过"校农结合"，利用自身优势，与农村农业农民有机结合，一步步实践探索，不断遇到问题又不断解决问题。实践从最初学校食堂直购、直销，购买贫困户手中少量农产品，激发贫困户发展内生动力，引导调整产品结构，整合资源帮助贫困村贫困户发展产业；再到产业不断壮大后，学校间通过建立学校"集团""联盟"，形成学校"组团"与"贫困农民群体"结合，建立多种形式配送平台，采取"配额换订单""定点直购""互联网＋""建立直销窗口"等多种方式，将区域贫困村贫困户的农产品在全省区域内互补、供给、配送，大大提高了贫困地区农产品对学校的销售能力。条件成熟的地方通过"校农结合"将推进贫困基地农产品"黔货出山"，引进企业就地加工以提高农产品附加值。

"校农结合"贯彻一切从实际出发，实事求是的实践要求与发展理念，充分利用自身的优势，结合省情、民情，构建科学发展规划，不断探索和创新贫困地区的农产品产销对接机制。实践证明，"校农结合"符合贵州实际，具有深厚的实践基础。深入发展"校农结合"、复制推广"校农结合"是贫困地区人民群众的自觉选择，是脱贫攻坚的现实需要，是农村产业革命重要手段，是乡村振兴强大支撑。"校农结合"产生、发展、扩散、推广的过程是教育强省

助推脱贫攻坚的生动实践，是一个自下而上与自上而下相互统一的过程，具有深厚的实践基础作为支撑。"校农结合"坚持因地制宜发展举措，结合山地农业产业特色，助推产业结构优化升级，形成"一县一业""一乡一特""一村一品"的产业布局。"校农结合"以山地市场为导向，定向采购贫困县、贫困户的农产品，实现全省学校后勤市场与山地市场精准对接，助推产业扶贫，实现贫困群众增产增收，带动贫困地区发展，推动农村产业革命发展，脱贫攻坚，走出了一条具有贵州特色的"乡村振兴"之路。

（二）"校农结合"具有旺盛的生命力和广阔的发展前景

"校农结合"自身具有旺盛的生命力，源于"校农结合"深厚的实践基础，其以人民群众作为成长的土壤和发展的基础，立足于人民，扎根于群众。"校方"作为"校农结合"中的"智囊团"为农民出谋划策，源源不断地为"农方"输送人才、技术、知识等资源优势。学校不仅是一个潜力巨大的消费市场，同时也积极参与新市场培育与开发，为"三农"发展注入了"智力"源泉，发挥学校在教育、引导方面的特殊作用，激发农民"我要脱贫"的迫切愿望，发奋"拔穷根、脱穷源"，把广大贫困农民主动脱贫的志气"扶"起来，把"内因"激活，让贫困农民的腰杆硬起来。"校农结合"将"扶智"与"扶志"结合，实现由"输血式"扶贫向"造血式"扶贫转变，实现"智志双扶"。"校农结合"是精准扶贫的有效之道，将对"三农"产生深远影响。

（三）"校农结合"抓住产业革命"八要素"的核心

产业发展必须把握"选择产业、培训农民、技术服务、筹措资金、组织方式、产销对接、利益联结、基层党建"八个方面的要求。"校农结合"通过学校食堂采购贫困村农产品，帮助农户解决了"种什么""养什么""怎么养"的产业选择难题，做优做大绿色农产品，实现从"为吃而生产"转向"为卖而生产"，着眼于规模经营，提高农业生产力水平，降低劳动力成本，增强市场竞争力。

"校农结合"着力于建立基地，发挥示范引领作用，培训和引导农民，充分发挥农民的主体作用，转变农民对传统作物的种植习惯，克服农民对摆脱贫困、建立高效农业的畏难情绪，增强农民对市场经济发展的信心。"校农结合"

通过整合学校资源优势，为脱贫攻坚、产业发展注入了持久动力。

"校农结合"充分发挥高校人力、智力、科技、平台、市场的优势，通过建立科技示范基地、转化科研成果、匹配和支撑实践实训基地技术等方式，加强技术服务，联合乡村基层科技人员推进科技兴农、实施智慧兴农，选派驻村干部蹲点，与广大基层干部和农技人员深入脱贫攻坚产业发展第一线，实现技术服务对每个扶贫产业、每个合作社、每家每户的全覆盖。

"校农结合"通过科学规划，整合各方面资金，投入"校农结合"项目发展，加大政策扶持，密切与金融部门和企业的合作，充分激发市场的力量，引导更多资金流向脱贫攻坚、现代高效农业方面，要发挥扶贫资金、农业产业资金的示范引导作用，用好脱贫攻坚产业基金，提高基金使用效率。

"校农结合"生产组织方式适应了产业结构调整的需要，以结构调整为核心，发挥贫困地区广大人民群众、各类合作社、专业种植养殖场的市场主体作用，建立"学校＋流通企业＋党支部（合作社）＋农户""学校＋合作社＋农户""学校＋农户＋互联网"等多种因地制宜创新生产经营方式，推进贫困村规模化生产和经营，坚持强龙头、创品牌、带农户的思路，推广衍生"校农结合"多种模式，把自然经济状态下的贫困地区小农生产引入大市场。

"校农结合"是以强大的学校消费市场为引导，解决农户最担心的农产品"卖难"问题，既管种、又管收，创新产销对接机制，除了满足学校自身消费需求，帮助贫困地区把"校农结合"农产品拓展销售到其他地区、其他行业外，还组织开展"农超对接""农社对接""黔货出山""N农结合"活动，实现学校、农产品、市场、商家、消费者的无缝对接，使线上订单、线下配送成为常态，形成产供销一体化的局面。

"校农结合"在消费者与农户之间建立了相对稳定的利益联结机制，在市场起基础性作用的前提下，让农民得到实惠、持续增收。明确学校、企业、合作社、村集体、农民在产业链、利益链中的环节和分配份额，帮助农民获得稳定收益，推进资源变资产、资金变股金、农民变股东的"三变"改革，充分激活贫困农户发展生产的内生动力，调动贫困地区农户发展产业增收脱贫的积极性。

"校农结合"发挥了学校党委、地方党委、农村基层党组织的战斗堡垒作用和共产党员的先锋模范带头作用，依靠党组织、党员把贫困户有效组织起来推广"校农结合"，把基层党组织建在产业链上、建在合作社上、建在生产小组上，推广"村社合一"，通过农村合作社把农户组织起来对接学校、企业、市场，唤醒产业脱贫攻坚、产业革命的内生动力，依靠产业发展走可持续发展之路。"校农结合"模式符合客观发展规律，因此发展十分迅速。

（四）"校农结合"顺应时代要求，是脱贫攻坚的创新模式

贵州是全国脱贫攻坚的重要战场，贵州省委、省政府把脱贫攻坚作为第一民生工程、第一要务、第一责任，全省动员集中力量打攻坚战、"啃硬骨头"，层层落实责任制，明确到各级、到各部门、到各单位、到广大干部。产业扶贫是可持续脱贫的根本之策，产业发展核心在于找到相对稳定的农产品销售市场，建立产销链接机制，因为"校农结合"开发出一个稳定的农产品销售市场，调动了各方面的积极性，包括推广的积极性，为扶贫脱贫找到了方法和路子。

"校农结合"之所以能够全面迅速推广，是因为"校农结合"自身具有强大的适应性与生命力，也得益于实践成效得到省委主要领导的多次批示肯定，得益于省委省政府表彰，得益于中央和省级众多主流媒体宣传报道，得益于各级政府的主导和部门支持配合，特别是得益于省教育厅的强力推进。贵州省政府为推动"校农结合"工作，分别在省农委、省商务厅、省教育厅成立了蔬菜专班、家禽专班、促销专班和"校农结合"专班，统筹推进全省"校农结合"工作。农民踊跃加入、党政高度重视、教育主动作为、部门协调配合、企业积极参与，经济主体遵循市场规律，行政力量顺势引导，以购买引领生产、以集团化（联盟）统筹流通，构建以农户、学校、合作社、企业为一体的"利益共同体"，实现多方共赢，因此符合民心、顺应民意，所以发展迅速，推广成效明显。

（五）"校农结合"具有"抓两头带中间"的功效

学校与农村作为产销的两个市场构成了一条完整的产业链，产销两个市场也带动和衍生出了一些"中间"市场即企业。随着"校农合作"各项工作关联度不断加强，新的"学校＋基地＋企业＋农户"产业链正在形成。其中，学校扮演的是"供给者"与"消费者"的双重角色，通过确定学校的食物需求量、品种、需求时间等信息，配额换订单，然后交付配送平台企业。流通过程中，企业扮演了"中间商"角色，负责农产品的预检、重量过磅、产品类别划价、领款以及配送等业务。而农户在这一产业链条中扮演的是"供给者"角色，涉

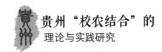

及产业技能的培训、种植、养殖、打理、配额订单、收成，最后交付配送中心这一系列活动。同时，"校农结合"运用学校的多种智力资源，推动产业革命、脱贫攻坚、全面小康的实现。这一模式的探索与尝试，让很多贫困乡村的产销效率得到很大提高，发挥了"抓两头带中间"的功效，让更多的贫困户受惠、增产、增收，走上致富之路，也为"乡村振兴"战略提供了新的探索和尝试方法。

七、贵州"校农结合"助推脱贫攻坚与产业革命的理论模型

（一）贵州"校农结合"助推脱贫攻坚的理论模型

为阐释"校农结合"助推贵州脱贫攻坚的内在理论逻辑，本书在传统的农户行为研究模型基础上，结合"校农结合"因素，构建如下基本理论分析框架。

首先，假设在农产品市场均衡状态下，需求等于供给。其次，假定农户生产两种农产品，生产函数为规模报酬不变。最后，假定农户的效用取决于两种产品的生产和销售，即 $U_1 = f(x, y)$。农户生产函数的一般形式为：

$$x + \Delta x + \Delta y + y = AL(edu)^\beta K^{1-\beta} \tag{1}$$

（1）式左边的 x、y 表示农村生产的用于自给自足的两种产品，Δx、Δy 表示农户生产自给自足之外的多余部分。A、L、K 分别表示农村现有生产技术、劳动力（人力资本）和资本投入。其中，L 为 edu 的函数，且满足 $\frac{\partial L}{\partial edu} > 0$，即教育水平的提高能够增进农村的人力资本水平。基于（1）式，可以分成两种情况讨论。

1. 假定第一种状态为农户自给自足

即农户生产的农产品仅够满足自身生活，无可出售的商品（或销售渠道不畅通，甚至无法销售），即 $\Delta x = \Delta y = 0$。此时，农民的效用函数为 $U_1 = xy$，根据"经济人"假设，农户会利用现有资源实现自身效用最大化，由上式可知，农户的效用为：

$$\text{Max}(U_1 = xy)$$
$$\text{s.t. } x + y = AL(edu_1)^\beta K^{1-\beta} \tag{2}$$

通过求解均衡解可以知道，在初始情况下，农户能够达到的最优效用水

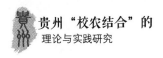
平为：

$$U_1 = \frac{1}{4}\left[AL\,(\mathrm{edu}_1)^{\beta}K^{1-\beta} \right] \tag{3}$$

2. 假定第二种状态为"校农结合"

重点考察"校农结合"如何通过增加农业生产、提升贫困村农民人力资本水平助推脱贫攻坚。我们通过理论分析发现，一是"校农结合"打开了农产品需求与贫困地区贫困人口生产之间便捷、畅通、高效、稳定的产销流通渠道，将学校食堂对常用农产品的稳定需求定向传导给贫困村贫困人口，带动贫困人口增加生产，进而实现持续增收、稳定脱贫，这就是 Δx、Δy 的变化。二是"校农结合"有助于提升农村贫困人口的教育水平，即 edu_1 变为 edu_2，且 $edu_2 > edu_1$，进而促进贫困村农民人力资本的提升，更好地实现农户增收减贫。此时，农户的生产函数变为：

$$x + \Delta x + y + \Delta y = AL(edu_2)^{\beta}K^{1-\beta} \tag{4}$$

（4）式中，x，y 表示农户传统的自给自足部分，Δx、Δy 表示"校农结合"带来的农产品生产增量部分。为了简化分析，设定 $x' = x + \Delta x$，$y' = y + \Delta y$。则（4）式变为：

$$x' + y' = AL(edu_2)^{\beta}K^{1-\beta} \tag{5}$$

在"校农结合"畅销机制作用下，农户可以将生产的增量部分（Δx、Δy）以稳定的价格（P）进行交易，从而实现增收、脱贫，即：

$$P \cdot \Delta x + P \cdot \Delta y = P \cdot Z^d \tag{6}$$

以（6）式又可推出（7），则有：

$$x' + y' = x + y + Z^d \tag{7}$$

此时，农户的效用函数为 $U_2 = x'y'$。根据"经济人"假设，农户的最大效用应为：

$$\mathrm{Max}(U_2 = x'y')$$
$$\mathrm{s.t.}\ \ x' + y' = AL(edu_2)^{\beta}K^{1-\beta} \tag{8}$$

通过求解均衡解可以知道，在初始情况下，农户能够达到的最优效用水平为：

$$U_2 = \frac{1}{4}\left[AL\,(edu_2)^{\beta}K^{1-\beta} \right] \tag{9}$$

由于 $edu_2 > edu_1$，可知 $U_2 > U_1$。

由（7）式可知，"校农结合"通过畅销农产品产销机制，促进贫困地区农户增加生产，提升农户收入，减少贫困。具体而言，"校农结合"引导贫困农户按照学校需求有计划地进行生产，实现了需求与生产的无缝对接，避免谷贱伤农，切实保证农户收入稳步增加。此外，"校农结合"创设的农产品采购联盟（平台），依靠大数据手段，将网络信息购销平台及时与学校物资需求、贫困户的农副产品生产和配送企业有机联系起来，建立农产品流通长效机制，减少流通环节、压缩利润空间，增加贫困群众收入。

从（9）式可以看出，"校农结合"通过提高了贫困户的教育水平，促进了贫困村民人力资本水平的提升，进而提高贫困户的效用水平和幸福感，减少了农村贫困人口。具体而言表现在以下三点。

一是"校农结合"促使学校充分挖掘自身智力优势，积极推动贫困农户改变"等、靠、要"等懒惰思想，树立艰苦卓绝、努力奋斗、攻坚脱贫的信心和决心。

二是"校农结合"充分利用学校的农业实训基地和科技中心，搭建农业科技助农平台，为农业提供先进技术指导以及新品种的培育技能，推动当地农业经济蓬勃发展。

三是"校农结合"的深入推进促使学校和有关专家根据贫困户的实际需求，制订差异化的教育培训和能力提升方案，培养农村建设的实用人才，提升农民的增收减贫能力。综上可见，"造血式"扶贫是"校农结合"助推脱贫攻坚的核心要义。

（二）贵州"校农结合"助推产业革命的理论模型

为阐释"校农结合"助推贵州农村产业转型升级的内在理论逻辑，本研究将"校农结合"纳入 Acemoglu 等人于 2001 年提出的经济增长理论模型中，从相关理论模型上衍生和构建"校农结合"助推产业转型升级理论模型。根据农村劳动力要素的禀赋差异，将技术分为创新技术和传统技术两种，传统技术主要对应传统的农业生产技术，创新技术主要指从事农业深加工和第二、三产业的新技术。与此对应，把农村劳动力市场细分为创新技术工人（从事第二、三产业的人）市场和传统技术工人（从事第一产业的人）市场两种，传统技术工人对应的工资回报为 w_1，创新技术工人对应的工资回报为 w_2，且一般满足 $w_2 > w_1$。为了简化研究，假定农村的生产函数为 CES 型生产函数为：

$$Y = A(a_1 L_1^P + a_2 L_2^P + bK^P)^{\frac{1}{P}} \tag{1}$$

（1）式中，Y 表示产出，A 是农村生产技术水平，K 为资本，L_1、L_2 分别表

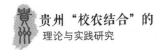

示传统工人和创新技术工人劳动力数量，L_1 与 L_2 可以相互替代，替代弹性为
$\frac{1}{1-P}$，且 $0<P<1$。由此可知，L_2/L_1 的变化可以准确反映农村产业转型升
级的概况。a_1、a_2、b 分别表示 L_1、L_2 和 K 的技术系数。

为了研究"校农结合"对农村产业转型升级的影响，假定"校农结合"主
要通过促进附着在不同类型工人身上的技术水平的变化，从而影响农村的劳动
力市场结构，进而促进农村产业结构转型升级。据此，可以设定：

$$a_2 = a_1 \mathrm{e}^{\theta} \tag{2}$$

（2）式中，a_1、a_2 分别表示传统技术工人和创新技术工人所掌握的技术水平，
θ 表示"校农结合"程度（$0<\theta<1$）。从（2）式中可以看出，"校农结合"能
够使部分掌握传统技术的工人，通过技术模仿和技术创新实现自身技术水平的
迅速提高，从而实现从传统技术工人向创新技术工人的转变。

（1）式分别对 L_1、L_2 求偏导数，可得到均衡时两种劳动力的工资回报
水平：

$$w_1 = Aa_1 L^P - 1_1(a_1 L_1^P + a_2 L_2^P + bK^P)^{\frac{1-P}{P}} \tag{3}$$

$$w_2 = Aa_2 L^P - 1_2(a_1 L_1^P + a_2 L_2^P + bK^P)^{\frac{1-P}{P}} \tag{4}$$

用（4）式除以（3）式可得：

$$\frac{w_2}{w_1} = \frac{a_2}{a_1} \cdot \left(\frac{L_2}{L_1}\right)^P - 1 \tag{5}$$

进一步对（5）式进行化简和变化可得：

$$\frac{L_2}{L_1} = (\frac{w_2}{w_1} \cdot \frac{a_1}{a_2})^{\frac{1}{P-1}} \tag{6}$$

将（2）式代入（6）式，化简可得：

$$\frac{L_2}{L_1} = (\frac{w_2}{w_1} \cdot \frac{1}{\mathrm{e}^{\theta}})^{\frac{1}{P-1}} \tag{7}$$

（7）式子对 θ 求导数，可得：

$$\frac{\partial(L_2/L_1)}{\partial\theta} = \frac{\theta}{1-P}(\frac{w_2}{w_1})^{\frac{1}{P-1}} \mathrm{e}^{\frac{\theta}{1-P}} \tag{8}$$

由于 $0<P<1$，$0<\theta<1$，所以由（8）式可知：

$$\frac{\partial(L_2/L_1)}{\partial\theta} > 0 \tag{9}$$

由（9）式可知，"校农结合"政策的深入推进，将促使学校专家充分发挥
自身智力优势，持续对贫困户进行能力培养和水平提升，促使传统农业工人在
掌握新型技术、专业化技术后，稳步提高贫困农民的收入水平，前后形成显著

的工资回报差异，从而激励更多传统农业工人积极学习先进技术，提升自身人力资本存量水平，适时由传统的农业工人转变为新型技术工人，从传统的农业部门进入第二、三产业部门，实现农村产业结构转型升级。

（三）攻坚脱贫、产业升级与教育质量提升模型

为准确刻画攻坚脱贫、产业升级，促进教育质量改善和提升的微观机制，本书将构建一个包含厂商、消费者、政府和教育四部门在内的行为主体理论模型，考察攻坚脱贫、产业升级如何通过"校农结合"对教育质量产生影响。假设消费者向厂商或教育部门提供人力资本并获得劳动收入，同时向厂商购买最终消费品以最大化效用。厂商使用物质资本和人力资本生产最终消费品。教育和政府部门为公共部门，消费者通过教育部门进行人力资本生产和积累，政府部门支付教育部门的人力资本支出。

1. 模型设定

（1）消费者

考虑一个两期的代际交叠模型，即由"校农结合"推行前和"校农结合"推行后两期组成。假设经济中不存在人口增长的要素，且人口规模被标准化为1，假设所有消费者具有相同的偏好，且只关注"校农结合"后期的消费 c_{t+1}。农户 j 在"校农结合"推行前所拥有的人力资本禀赋为 h_t^j，并假设其将其中的 q_t^j 用于人力资本积累，剩下的（$h_t^j - q_t^j$）用于生产性活动。个体使用规模报酬不变的技术进行人力资本生产：

$$h_{t+1}^j = I^j (q_t^j)^{\alpha_1} (h_t^j)^{\alpha_2} (H_t^e)^{1-\alpha_1-\alpha_2} \tag{1}$$

其中，I^j 为个体 j 人力资本生产率，q_t^j 为"校农结合"推行前人力资本积累的投入，H_t^e 为在 t 期教育部门投入"校农结合"中的人力资本存量，h_{t+1}^j 为"校农结合"推行后的人力资本存量。（1）式可以准确反映"校农结合"推行对一个地区教育质量带来的改善和提升程度。$\alpha_1 \in (0, 1)$ 表示人力资本生产的投入弹性，$\alpha_2 \in (0, 1)$ 表示"校农结合"推行前人力资本外部性的度量。$1-\alpha_1-\alpha_2 \in (0, 1)$ 表示教育部门"校农结合"对农户人力资本生产的影响。"校农结合"推行后，使用人力资本 h_{t+1}^j 进行生产性活动并获得收入 $w_{t+1} h_{t+1}^j$。消费者效用最大化问题从而可以表示为：

$$Max u(c_{t+1}^j)$$

$$s.t. \ c_{t+1}^j = w_{t+1}h_{t+1}^j + r\,w_t h_{t+1}^j(h_t^j - q_1)$$

$$h_{t+1}^j = I^j\,(q_t^j)^{\alpha_1}\,(h_t^j)^{\alpha_2}\,(H_t^e)^{1-\alpha_1-\alpha_2} \tag{2}$$

其中，$u(\cdot)$ 为连续、严格单调递增的凹函数，r 为外生的存款利率，w 为工资率。

(2) 厂商

厂商使用规模报酬不变的新古典生产函数生产最终消费品：

$$Y_t = F(K_t, A_t h_t) = A_t h_t f(k_t);$$

$$k_t = \frac{K_t}{A h_t} \tag{3}$$

其中，K_t 为物质资本投入，h_t 为人力资本投入，A 为技术水平，由于 A 与产业升级密切相关，故 A_{t+1}/A_t 可以反映一个地区的产业升级状况。$f(\cdot)$ 为连续、严格单调递增的凹函数，且满足标准稻田条件 $\lim_{k\to 0} f'(k) = +\infty$ 和 $\lim_{k\to+\infty} f'(k) = 0$。由于模型重点关注劳动力市场，故假设厂商可在完全竞争条件下的国内外资本市场上以利率 r 获得资本。

竞争性厂商在自由竞争的劳动力市场上购买物质资本和人力资本：给定利率 r 和单位有效人力资本劳动收入 w_t，厂商决定其物质投入 K_t 和人力资本投入 h_t 以最大化利润。其最优化条件为：

$$r = f'(k_t)$$

$$w_t = A_t[f(k_t) - k_t f'(k_t)] = A_t w(r) \tag{4}$$

从而，人力资本水平为 h_t 的农户 j 所获得的劳动收入水平为：

$$w_t(h_t) = A_t w(r) h_t \tag{5}$$

(3) 教育部门和政府部门

"校农结合"将教育部门丰富的人力资源引向农村，为农户进行人力资本积累。但是，教育部门"校农结合"投入的人力资本数量和质量取决于政府部门对"校农结合"的重视程度，以教育部门人均收入 g_t^i 表示政府在 t 期对 I 地"校农结合"的支持力度。从而可知，i 地教育部门投入"校农结合"的人力资本存量为 g_t^i/w_t。因此，I 地农户 j 进行人力资本投资的生产函数可以表示为：

$$h_{t+1}^j = I^j\,(q_t^j)^{\alpha_1}\,(h_t^j)^{\alpha_2}\,(g_t^i/w_t)^{1-\alpha_1-\alpha_2} \tag{6}$$

2. 模型求解

将厂商、政府与教育部门的行为带入消费者预算约束方程中，上述模型可以转换为消费者（农户 j）的人力资本投资选择问题：

$$\text{Max } u(c_{t+1}^j)$$

$$\text{s. t. } c_{t+1}^j = w_{t+1}h_{t+1}^j + r\, w_t h_{t+1}^j(h_t^j - q_1)$$

$$h_{t+1}^j = I^j\,(q_t^j)^{\alpha_1}\,(h_t^j)^{\alpha_2}\,(g_t^i/w_t)^{1-\alpha_1-\alpha_2}$$

$$w_t = A_t w(r) \tag{7}$$

消费者的最优教育投资选择由（7）式一阶条件给出，定义：

$$B^i = \alpha_1(A_{t+1}/r\,A_t)\,(g_t^i/w_t)^{1-\alpha_1-\alpha_2} \tag{8}$$

（7）式的最优性条件为：

$$q_t^j = \left[B^i\,I^j\,(h_t^j)^{\alpha_2}\right]^{\frac{1}{1-\alpha_1}}(g_t^i/w_t)^{1-\alpha_1-\alpha_2} \tag{9}$$

显然，农户 j 的人力资本投资水平是政府"校农结合"支持力度的增函数，也是"校农结合"推行前人力资本水平和个体人力资本生产率的增函数。农户 j 在"校农结合"推行后的人力资本水平为：

$$h_{t+1}^j = \left[I^j\left(\frac{g_t^i}{w_t}\right)^{1-\alpha_1-\alpha_2}(h_t^j)^{\alpha_2}\right]^{\frac{1}{1-\alpha_1}}\left[\alpha_1(A_{t+1}/r\,A_t)\right]^{\frac{\alpha_1}{1-\alpha_1}} \tag{10}$$

对（10）式进行求偏导，可得：

$$\frac{\partial h_{t+1}^j}{\partial(A_{t+1}/A_t)} > 0 \tag{11}$$

由（11）式可知，产业升级越快（A_{t+1}/A_t），越有助于农户人力资本存量（h_{t+1}^j）的提升，即产业升级通过"校农结合"倒推教育质量改革。进一步，由（5）式可得：

$$\frac{w_{t+1}}{w_t} = \frac{A_{t+1} \cdot h_{t+1}}{A_t \cdot h_t} \tag{12}$$

将（12）式带入（10）式，求偏导可知，

$$\frac{\partial h_{t+1}^j}{\partial w_{t+1}} > 0 \tag{13}$$

由（13）式可知，农户收入的增长越快（w_{t+1}），人力资本存量提升（h_{t+1}^j）越快，即攻坚脱贫有助于教育质量的改善和提升。

综合（11）式和（13）式的研究结论可知，攻坚脱贫、产业升级将通过"校农结合"倒逼教育质量改善和提高。

八、2019 年贵州"校农结合"的重点任务

（一）在校学生人口基数大

如图 8-1 所示，贵州省 2015—2017 年总在校学生人数分别约为 864.74 万人、891.48 万人、867.11 万人；其中研究生在校人数分别约为 0.14 万人、1.47 万人、1.67 万人；大学教育（高等教育）在校人数分别约为 59.36 万人、66.77 万人、62.25 万人；职业院校在校人数分别约为 59.94 万人、57.26 万人、51.32 万人；普通中学在校人数分别约为 293.05 万人、290.54 万人、283.34 万人；普通小学在校人数分别约为 345.36 万人、353.28 万人、337.59 万人；特殊学校在校人数分别约为 1.69 万人、1.95 万人、1.54 万人；幼儿园在校人数分别约为 105.2 万人、120.21 万人、129.4 万人。据测算，未来五年，贵州在校学生人数波动约为 5%，处于基本稳定状态。稳定的在校学生人数为"校农结合"提供了可持续的市场空间。

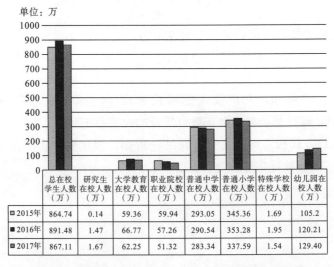

	总在校学生人数（万）	研究生在校人数（万）	大学教育在校人数（万）	职业院校在校人数（万）	普通中学在校人数（万）	普通小学在校人数（万）	特殊学校在校人数（万）	幼儿园在校人数（万）
2015年	864.74	0.14	59.36	59.94	293.05	345.36	1.69	105.2
2016年	891.48	1.47	66.77	57.26	290.54	353.28	1.95	120.21
2017年	867.11	1.67	62.25	51.32	283.34	337.59	1.54	129.40

图 8-1　贵州省 2015—2017 年总在校人数分布统计图

（二）贵阳市应以高等教育和普通小学为重点，统筹其他学校

如图 8-2 所示：2015—2017 年贵阳市总在校人数超过 100 万，其中大学教育和普通小学在校人数占主体。2015 年大学教育在校人数占 30.3％，普通小学生在校人数占 26.3％；2016 年大学教育在校人数占 31.3％，普通小学生在校人数占 26.6％；2017 年大学教育在校人数占 33.4％，普通小学生在校人数占 14.0％。职业院校、普通高中、普通初中和幼儿园在校人数分别次之。这表明贵阳市"校农结合"发展要以大学教育和普通小学为重点，并且统筹兼顾其他各级各类学校。

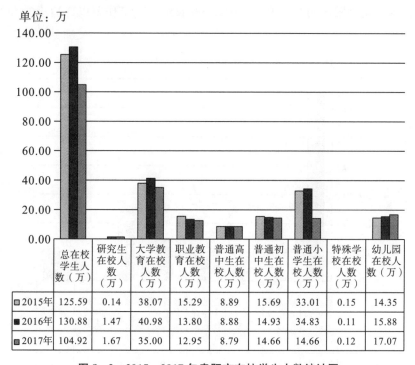

单位：万

	总在校学生人数（万）	研究生在校人数（万）	大学教育在校人数（万）	职业教育在校人数（万）	普通高中生在校人数（万）	普通初中生在校人数（万）	普通小学生在校人数（万）	特殊学校在校人数（万）	幼儿园在校人数（万）
2015年	125.59	0.14	38.07	15.29	8.89	15.69	33.01	0.15	14.35
2016年	130.88	1.47	40.98	13.80	8.88	14.93	34.83	0.11	15.88
2017年	104.92	1.67	35.00	12.95	8.79	14.66	14.66	0.12	17.07

图 8-2　2015—2017 年贵阳市在校学生人数统计图

（三）其他8个地州市应以普通中小学为主推进"校农结合"

由图8-3至图8-10可知：在2015—2017年中，贵州省除贵阳市以外的其他8个地州市中，普通小学和普通初中在校人数占主体（以2017年为例：安顺市中小学人数占该市总在校人数的91%；黔西南州中小学人数占该州总在校人数的90%；毕节市中小学人数占该市总在校人数的79%；黔东南州中小学人数占该州总在校人数的73%；黔南州中小学人数占该州总在校人数的67%；遵义市中小学人数占该市总在校人数的72%；六盘水市中小学人数占该市总在校人数的77%；铜仁市中小学人数占该市总在校人数的74%）。这表明：在贵州除贵阳市的8个地州市中，"校农结合"工作要以普通小学和普通中学为主。

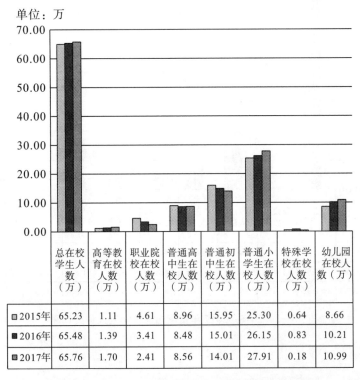

单位：万

	总在校学生人数（万）	高等教育在校人数（万）	职业院校在校人数（万）	普通高中生在校人数（万）	普通初中生在校人数（万）	普通小学生在校人数（万）	特殊学校在校人数（万）	幼儿园在校人数（万）
□2015年	65.23	1.11	4.61	8.96	15.95	25.30	0.64	8.66
■2016年	65.48	1.39	3.41	8.48	15.01	26.15	0.83	10.21
▨2017年	65.76	1.70	2.41	8.56	14.01	27.91	0.18	10.99

图8-3 2015—2017年六盘水市在校学生人数统计图

注：六盘水市高等教育在校人数已包含研究生在校人数，故后者不单独列出。

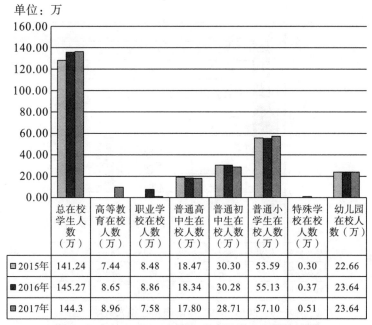

图 8－4　2015—2017 年遵义市在校学生人数统计图

注：遵义市高等教育在校人数包含研究生在校人数，故不单独将研究生在校人数列出。

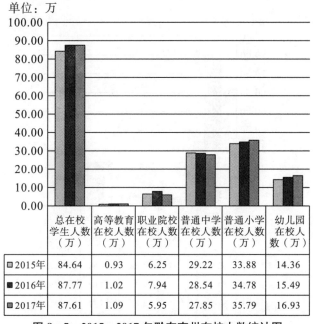

图 8－5　2015—2017 年黔东南州在校人数统计图

注：黔东南州高等教育在校人数已包含研究生在校人数，故后者不单独将研究生在校人数

列出。

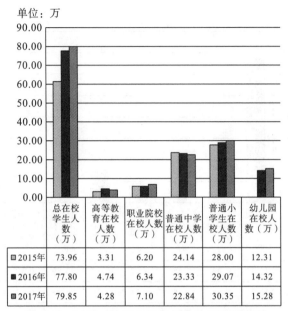

单位：万

	总在校学生人数（万）	高等教育在校人数（万）	职业院校在校人数（万）	普通中学在校人数（万）	普通小学生在校人数（万）	幼儿园在校人数（万）
2015年	73.96	3.31	6.20	24.14	28.00	12.31
2016年	77.80	4.74	6.34	23.33	29.07	14.32
2017年	79.85	4.28	7.10	22.84	30.35	15.28

图 8－6　2015—2017 年黔南州在校人数统计图

注：黔南州高等教育在校人数包含研究生在校人数，故不单独罗列研究生在校人数；
普通高中生和普通初中生在校人数合并，特殊学校在校人数数据缺失，也不单独罗列。

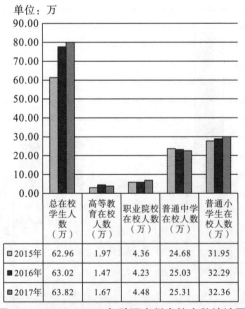

单位：万

	总在校学生人数（万）	高等教育在校人数（万）	职业院校在校人数（万）	普通中学在校人数（万）	普通小学生在校人数（万）
2015年	62.96	1.97	4.36	24.68	31.95
2016年	63.02	1.47	4.23	25.03	32.29
2017年	63.82	1.67	4.48	25.31	32.36

图 8－7　2015—2017 年黔西南州在校人数统计图

注：黔西南州高等教育在校人数包含研究生在校人数，故不单独罗列；普通高中生和
普通初中生在校人数合并，特殊秩序和幼儿园在校人数数据缺失，也不单独罗列。

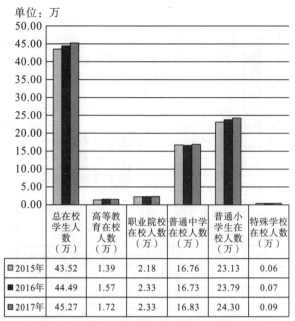

	总在校学生人数（万）	高等教育在校人数（万）	职业院校在校人数（万）	普通中学在校人数（万）	普通小学生在校人数（万）	特殊学校在校人数（万）
■ 2015年	43.52	1.39	2.18	16.76	23.13	0.06
■ 2016年	44.49	1.57	2.33	16.73	23.79	0.07
■ 2017年	45.27	1.72	2.33	16.83	24.30	0.09

图 8-8 2015—2017 年安顺市在校人数统计图

注：安顺市高等教育在校人数包含研究生在校人数，故不单独将研究生在校人数列出。幼儿园在校人数数据缺失，故也不列出。

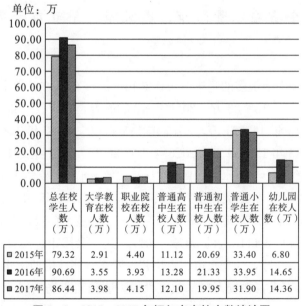

	总在校学生人数（万）	大学教育在校人数（万）	职业院校在校人数（万）	普通高中生在校人数（万）	普通初中生在校人数（万）	普通小学生在校人数（万）	幼儿园在校人数（万）
■ 2015年	79.32	2.91	4.40	11.12	20.69	33.40	6.80
■ 2016年	90.69	3.55	3.93	13.28	21.33	33.95	14.65
■ 2017年	86.44	3.98	4.15	12.10	19.95	31.90	14.36

图 8-9 2015—2017 年铜仁市在校人数统计图

注：铜仁市高等教育在校人数包含研究生在校人数，故不单独将研究生在校人数列出，特殊学校在校人数数据缺失，也不单独罗列。

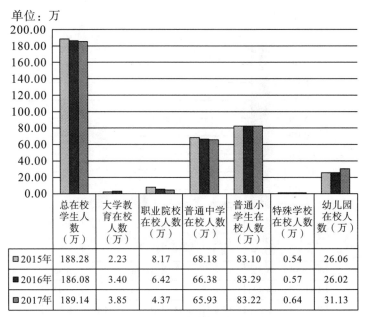

单位：万

	总在校学生人数（万）	大学教育在校人数（万）	职业院校在校人数（万）	普通中学在校人数（万）	普通小学生在校人数（万）	特殊学校在校人数（万）	幼儿园在校人数（万）
2015年	188.28	2.23	8.17	68.18	83.10	0.54	26.06
2016年	186.08	3.40	6.42	66.38	83.29	0.57	26.02
2017年	189.14	3.85	4.37	65.93	83.22	0.64	31.13

图 8-10　2015—2017 年毕节市在校人数统计图

注：毕节市高等教育在校人数包含研究生在校人数，故不单独将研究生在校人数列出。

（四）全省应以贵阳市、遵义市、毕节市为重点，统筹各州市

　　贵州省在校学生最多的是毕节市，2015—2017 年其在校学生数量均在 185 万人以上（2015 年 188.28 万，2016 年 186.08 万，2017 年 189.14 万）；其次是遵义市（2015 年 141.24 万，2016 年 145.27 万，2017 年 144.3 万）；再次是贵阳市（2015 年 125.59 万，2016 年 130.88 万，2017 年 104.92 万）。其中黔东南州、铜仁市、六盘水市、黔西南州、黔南州的在校学生人数超过了 60 万，安顺市在校学生数量较少，在 40～45 万（2015 年 43.52 万，2016 年 44.49 万，2017 年 45.27 万）。图 8-11 至 8-13 显示：贵州省在校学生人数占比占据贵州省总人口比重的 30%～40%，其中贵阳市、遵义市、毕节市总在校人数达到 100 万，六盘水市、黔南州、黔东南州、黔西南州和铜仁市总在校人数超过 60 万人，在校人口基数庞大，说明消费市场空间大。因此，贵州省"校农结合"应以贵阳市、遵义市、毕节市为重点，统筹兼顾其他各州市，助推脱贫攻坚。

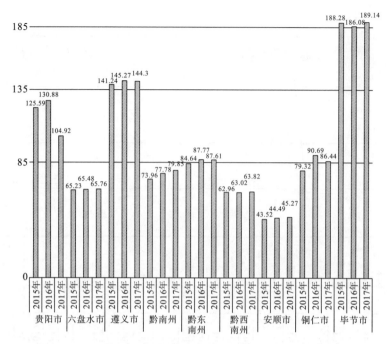

图 8-11 2015—2017 年贵州省各州市各年在校学生人数统计图（万人）

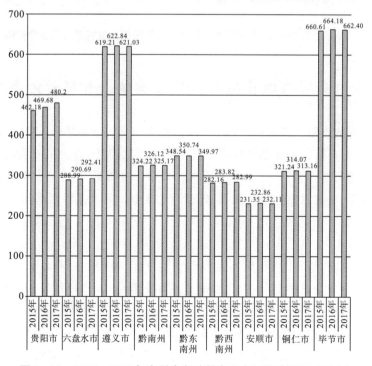

图 8-12 2015—2017 年贵州省各地州市总人口数统计图（万人）

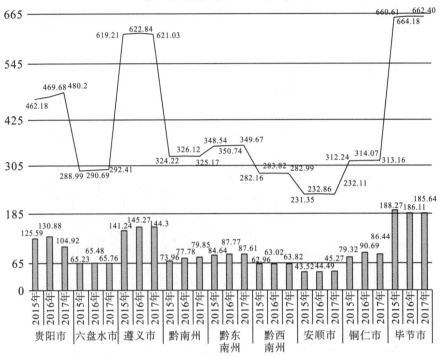

图8-13　2015—2017年贵州省各地州市总在校人数和总人口数分布图

（五）全省应以贫困县、贫困乡镇、贫困村为导向

　　贵州脱贫攻坚任务艰巨。图8-14、表8-1至8-3显示：2017年，在贵州省的88个县级行政区划单位中，有50个国家级贫困县、14个深度贫困县、20个极贫乡镇以及2760个深度贫困村。其中，贫困县（市）最多的是黔东南州，在其16个县（市）中贫困县（市）有14个；其次是黔西南州［共有9个县（市），有7个贫困县］、铜仁市［共有13个县（市），有7个贫困县］、黔南州［共有12个县（市），有6个贫困县］、毕节市［共有7个县（市），有5个贫困县］、安顺市［共有6个县（市），有4个贫困县］、遵义市［共有14个县（市），有4个贫困县］、六盘水市［共有6个县（市），有3个贫困县］。可见，贵州省在"校农结合"助推脱贫攻坚工作中，应以黔东南州、黔西南州、毕节市等贫困县占比在其总县（市）数量80%以上的地区为重点对象，结合贵州省各地区学校、资源情况、在校人数、贫困人口，加快其农业产业供给侧结构改革，不仅要提高其农业产出率，而且要完善物流、仓储和冷链等基础设

施建设,通过拓展包装、深加工提高农产品附加值。通过促进第一、二、三产业衔接,为贫困人口提供稳定的就业岗位,学校要持续性地采购当地农牧产品,给贫困农户带来稳定经济收入,让贫困农户真正脱贫,大家一起为脱贫攻坚战做出自己的贡献。

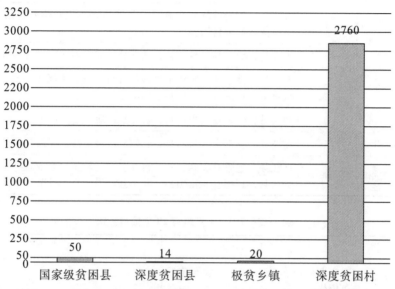

图 8-14　2018 年贵州省贫困县(乡、村)分布情况(单位:个)

表 8-1　2017 年贵州省 14 个深度贫困县

名称	数量	深度贫困县名称
黔西南州	3	册亨县、望谟县、晴隆县
黔东南州	3	剑河县、榕江县、从江县
安顺市	1	紫云苗族布依族自治县
毕节市	3	纳雍县、赫章县、威宁彝族回族苗族自治县
铜仁市	1	沿河土家族自治县
六盘水市	1	水城县
黔南州	1	三都水族自治县
遵义市	1	正安县

表 8－2　2017 年贵州省 50 个国家级贫困县

名称	数量	国家级贫困县名称
六盘水市	3	盘州市、六枝特区、水城县
遵义市	4	正安县、习水县、道真县、务川仡佬族苗族自治县
安顺市	4	普定县、紫云苗族布依族自治县、关岭布依族苗族自治县、镇宁布依族苗族自治县
毕节市	5	大方县、织金县、赫章县、纳雍县、威宁彝族回族苗族自治县
铜仁市	7	石阡县、德江县、印江土家族苗族自治县、沿河土家族自治县、松桃苗族自治县、江口县、思南县
黔西南州	7	望谟县、晴隆县、兴仁县、普安县、册亨县、贞丰县、安龙县
黔南州	6	荔波县、三都水族自治县、长顺县、独山县、罗甸县、平塘县
黔东南州	14	从江县、施秉县、麻江县、台江县、天柱县、黄平县、榕江县、剑河县、三穗县、雷山县、黎平县、岑巩县、丹寨县、锦屏县

表 8－3　2017 年贵州省 20 个极贫乡镇

市（州）	县	乡镇
安顺市	镇宁布依族苗族自治县、紫云苗族布依族自治县	简嘎乡、大营镇
铜仁市	德江县	桶井土家族乡
六盘水市	盘州市、水城县	保基苗族彝族乡、营盘苗族彝族白族乡
黔南州	平塘县、长顺县	大塘镇、代化镇
铜仁市	石阡县	国荣乡
遵义市	务川仡佬族苗族自治县	石朝乡
毕节市	威宁彝族回族苗族自治县、赫章县、纳雍县	河镇乡、石门乡、董地苗族彝族乡
黔西南州	晴隆县、望谟县、册亨县、贞丰县	三宝彝族乡、郊纳镇、双江镇、鲁容乡
黔东南州	从江县、黄平县、榕江县、雷山县	加勉乡、谷陇镇、定威水族乡、大塘镇
注：贵州贫困发生率在 20% 以上的深度贫困村有 2760 个		

九、推进贵州"校农结合"的基本思路

要推进"校农结合"工作，应按照面上推进、点上突破、点面结合、不断深化的思路进行。

（一）对标省厅两级标准，完善"校农结合"激励考核机制

健全的激励考核机制，是深入推进"校农结合"工作的原动力。虽然地方政府和各级各类学校均制定了较为完备的"校农结合"激励考核机制，但现阶段又出现了诸多新问题、新情况，需要进一步对标省厅两级标准，不断修改和完善。具体而言，一是按照《中共贵州省委 贵州省人民政府 2017 年脱贫攻坚秋季攻势行动令》《省教育厅关于进一步全面深化"校农结合"助推脱贫攻坚的意见》的要求，加快完善和改进学校、政府脱贫攻坚工作的考核机制，进一步强化学校在"校农结合"中的主体作用，并做好责任落实工作。二是坚持严格按照"两不愁、三保障"扶贫标准，完善县及县以下各级各类学校的扶贫、脱贫考核标准体系，与省厅标准体系保持一致，并结合各地区、各学校实际情况，制定具有可操作性、接地气的考核标准，更好地促进"校农结合"工作不断朝向纵深发展。

（二）抓住新阶段贵州"校农结合"工作主线

2015—2017 年贵州省总在校人数分别约为 736.74 万人、881.6 万人和 856.03 万人。其中，毕节市、遵义市、贵阳市的在校生人数均已突破百万，居于全省之首。黔东南州、铜仁市、六盘水市、黔西南州、黔南州在校学生人数均超过 60 万，处于第二方阵。在校学生数量最少的安顺市（40 万左右）居于第三方阵。从这一实际出发，下一阶段贵州"校农结合"工作应该以毕节市、贵阳市、遵义市为重点，兼顾黔东南州、铜仁市、六盘水市、黔西南州、

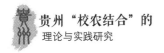

黔南州和安顺市制定差异化的政策，充分拓展校内市场，发挥"校"对"农"的引领作用。

同时，"校农结合"要以贫困地区为导向，特别是以深度贫困地区为重点，兼顾其他地区。目前，贵州仍有 50 个国家级贫困县、14 个深度贫困县、20 个极贫乡镇以及 2760 个深度贫困村，脱贫攻坚任务重、时间紧。因此，下一阶段贵州"校农结合"工作应遵循"精准脱贫、防止返贫"这一基本工作思路，以贫困地区特别是极度贫困地区为重点，充分发挥学校优势，"输血式"扶贫与"造血式"扶贫双管齐下，引导贫困地区精准脱贫，做好新近脱贫地区服务和巩固工作，防止其返贫。

（三）以农村产业革命为导向，推进"校农结合"工作

如果产业发展不起来，贵州就不可能持续脱贫，不可能实现乡村振兴。因此，新阶段"校农结合"工作应以农村产业革命为导向，做好做实"校农结合"助推农村产业转型升级这篇"大文章"。具体而言，一是各级教育主管部门和各级各类学校党政主要领导必须紧抓"校农结合"助推农村产业革命工作，按照农业产业结构调整"八要素"的要求，坚持不懈、持之以恒地深入推进"校农结合"工作，把农村产业革命抓好抓实。二是要以市场需求为导向，充分发挥学校的智力资源优势，探索"校农结合"助推产业革命的新模式。如黔南民族师范学院探索的"定点采购、产业培扶、基地建设、示范引领"模式、部分省属职业院校的"校农结合"联盟模式、六枝特区的"党建＋公司＋基地＋合作社＋贫困户＋学校"模式等。

（四）因地施策，建立贵州"校农结合"的长效机制

截至 2018 年，贵州仍有 50 个国家级贫困县、14 个深度贫困县、20 个极贫乡镇和 2760 个深度贫困村。面对如此艰巨的脱贫攻坚任务，探索"校农结合"工作的长效机制是形势所需。具体而言，一是"校农结合"要真扶贫，扶真贫。新阶段的"校农结合"工作，应该以深度贫困地区为重点，脚踏实地下大力气去探索、总结和推广"校农结合"工作，"校农结合"工作务必落到实处，坚决杜绝纸上式"校农结合"和画饼式"校农结合"。二是"校农结合"工作要因地制宜，做到扶贫与扶智相结合。贵州地域较广，不同地区的教育资源和贫困状况迥异，因此"校农结合"应以重点市州和贫困地区为导向，充分

发挥学校广阔的市场和人力资源优势，扶贫与扶智相结合。贵阳市应该探索以高等教育和普通小学为重点的"校农结合"新模式，其他 8 个市州则应积极探索以普通中小学为重点的"校农结合"新模式。

十、总结：统筹兼顾，多方发力，坚定不移往前推

贵州"校农结合"模式的广泛适应性和旺盛生命力说明：当前"校农结合"已不是要不要推广的问题，而是要如何往前推、如何统筹协调向纵深推的问题，今后"全省教育系统要充分认识到教育脱贫是全面脱贫攻坚的基础性、先导性工程，以'校农结合'为抓手和突破口，深刻理解'校农结合'的内涵，充分认识'校农结合'的意义，正确看待'校农结合'已取得的效果，推进和深化'校农结合'的实施，以更加有力的举措、更加自觉的行动打好打赢教育脱贫这场输不起的攻坚战"。①

（一）统一认识，提高站位，坚定信念往前推

"校农结合"是精准扶贫实践的重大创新，符合贵州省实际，具有旺盛的生命力和广阔的发展前景。"校农结合"以学校的消费市场为牵引，以资源优势为推动力，与"三农"紧密结合，是助推脱贫攻坚的重要力量。

针对目前存在的认识不到位、站位不高、理论研究滞后等问题，建议省教育厅加强对"校农结合"有关领导干部及研究人员的培训力度，统一思想，提高认识；建议省教育厅抽调部分专家构建"校农结合"理论研究专班小组，尽快形成一批高水平的理论成果；学校应在省教育厅的统一安排部署下增强自身责任意识，提高政治站位，把思想统一到全省脱贫攻坚、全面实现小康和教育强省的政治大局上，充分发挥学校优势资源在农村产业革命及脱贫攻坚中的作用。

1. 开展专题学习，提高认识

推进"校农结合"应以习近平新时代中国特色社会主义思想为指导，认真

---

① 邹联克. 深化"校农结合"助推精准脱贫实现"一仗双赢"[J]. 贵州教育，2018（11）：3—9.

贯彻落实习近平总书记关于"全面小康一个都不能少"的重要指示精神，"坚决打赢脱贫攻坚战"，努力探索"校农结合"助推贫困乡村脱贫奔小康的有效途径，促进农业产业结构调整，有效实施农业供给侧结构性改革，激发农村贫困群众内生动力，以教育助推贫困地区农村发展、农民增收，促进乡村振兴战略的实施。

一是开展习近平对扶贫开发的重要论述进课堂、进教材、进头脑活动。学校党委举行专题课启动仪式，该课程内容以"脱贫扶贫的方法"为主要内容，引导优秀大学毕业生投身脱贫攻坚主战场。

二是以解读党中央国务院、省委省政府脱贫攻坚重大战略部署为重点，详细解读"校农结合"助力精准扶贫、精准脱贫相关目标任务、政策措施、具体要求等，帮助学生掌握脱贫攻坚相关政策和具体内容，做到在实际工作中"领先一步"。

三是重点介绍新时期特别是贵州"校农结合"助力脱贫攻坚涌现出的经典模式、先进个人、先进集体，树立榜样。

四是以从省委到基层的各部门领导带头的形式开展学习"校农结合"大讲堂，对"校农结合"进行专题解读宣讲，就"校农结合"的内涵、意义、成效以及如何深化"校农结合"的实施进行探讨和宣讲，增强干部和职工对"校农结合"工作的认同感。全省各地要做好"校农结合"的工作，确保全省"校农结合"工作实现新突破与新发展。

2. 营造良好的氛围，形成社会合力

"政策到位、宣传到位、措施到位"，自然水到渠成。当前应大力宣传"校农结合"创新模式，让领导、干部、农户都更深入地了解"校农结合"，帮助贫困地区贫困户实现更好的发展。

各地各校要创新宣传方式，进一步加大对"校农结合"工作的宣传力度，及时挖掘总结工作中涌现的先进经验、优秀典范，引导全社会了解并支持"校农结合"工作，营造良好的舆论氛围。应创新宣传的方式、路径、手段，组织学生进课堂、进书本、进教学、进考试，利用"互联网＋、微信、QQ、微博"，实地宣传让"校农结合"生根发芽、扎根群众。

贵州省教育厅多次下发文件、召开会议、举办视频讲座，要求全省教育系统上下用心、用情、用力推进"校农结合"工作，以实际行动助力打赢脱贫攻坚战。2018 年《关于进一步深化"校农结合"助推脱贫攻坚的意见》出台，要求全省教育系统把"校农结合"作为教育脱贫重中之重的工作来抓细抓实，

通过稳定采购贫困地区生产的农产品来助推贵州省农村产业实现结构调整变革，带动贫困户增收致富。

各市（州）、县级教育局和各级各类学校要充分组织报纸、杂志、广播、电视、网络等新闻媒体，广泛宣传教育精准脱贫"1＋N"计划各项惠民富民政策措施，深入宣传工作中涌现出的先进典范，总结推广教育脱贫攻坚中的好经验、好做法，宣传教育扶贫"好声音"，展现教育扶贫新成果，弘扬教育扶贫正能量，营造良好舆论环境。要鼓励动员社会各界关心支持、积极参与教育脱贫工作，形成人人知晓教育脱贫政策、人人参与教育脱贫的良好氛围。要加大对教育脱贫重大政策、重大项目、重大资金安排、工作进展等重要信息的公开力度，及时通报教育脱贫工作中的督查情况并适时向社会公开。

3. 理清工作思路，落实具体任务

贵州省教育厅厅长邹联克表示，经过论证，"校农结合"最终确定了"面上推进、点上突破、点面结合、不断深化"的工作思路。一是完善网络销售平台，积极推进精准扶贫工作，对学校扶贫点建档立卡精准扶贫户的种植、养殖信息及时更新，将信息及时录入农产品直销平台，推动"线上预约、线下直购"，争取实现与全国"农校对接服务网"对接。二是突破价格障碍，构建利益共同体，通过"以奖代补"的办法，解决价差问题。三是合理规划农业产业结构布局，加强技术指导，实现农产品产业化、标准化、规范化，并积极拓展外销渠道，推动"黔货出山"。四是扎实推进科技兴农、"校农结合"延伸、科技攻关、品牌创建、专家智库、驻村帮扶等"十大工程"，智志双扶，实现定点帮扶工作领域和内容的全覆盖。五是积极争取上级支持"校农结合"专项资金，不断创新"校农结合"模式，不断总结"校农结合"扶贫经验，逐步形成更多可复制的精准扶贫模式。六是要抓住打赢脱贫攻坚战的关键，在全省上下"春风行动"进行得如火如荼，"农村产业革命"开展得轰轰烈烈的大环境下，"校农结合"要担负起作为全省教育系统实施"春风行动"和助推"农村产业革命"重要抓手的作用，全省各级各类学校要进一步提高思想认识，做到"心往一处想、劲往一处使"，大胆探索创新，打好脱贫攻坚战。

（二）做好顶层设计，分类分层有序往前推

"顶层设计"是统筹考虑项目各层次和各要素，追根溯源，统揽全局，在最高层次上寻求问题的解决之道。"校农结合"是一项创新工程，更是一个系

统工程。从学校层面来说，有普通高等院校"校农结合"实施模式、职业院校"校农结合"实施模式、普通高中"校农结合"实施模式、义务教育"校农结合"实施模式、学前教育"校农结合"实施模式等；从"校农结合"的运转机制来说，是计划生产、便捷流通、订单购销的协调统筹。我们应从全局出发，将"校农结合"的具体任务和各方面、各层次、各要素统筹规划，集中学校的有效资源，高效快捷地实现目标。对"落实政府主导推动责任""全省高校建立集团统筹""地市学校建立区域联盟配送""职能部门项目捆绑""试行以奖代补政策"等建议应做明示。通过政策的杠杆做好顶层设计，设计行动路径，找准推进模式，分类分层建立健全行动机制，实现有序推进。加强"校农结合"产、供、销等内部关联要素之间的匹配与有机衔接，增强顶层设计的实际可操作性。

针对目前部分学校产销对接主动性不够、积极性不高、落实不到位等问题，建议省教育厅尽快建立和完善"校农结合"产销对接考核评价机制，将"校农结合"产销对接考核评价机制纳入年终评优、职称管理、干部考核体系。针对高等院校、职业院校、中小学及幼儿园的不同特点，建议省教育厅从政策层面进一步加强引导，从执行层面加强督导，进一步引导各级各类学校深入挖掘人才、技术、知识、市场等资源优势，为脱贫攻坚、全面小康和乡村振兴注入持续动力。

1. 设计行动路径，找准推进模式

一是摸清家底。要组建调研团队、专家小组，对全省各级各类学校食堂管理情况和农产品需求及消费情况展开深入调研。精确统计全省各级各类学校食堂每月常用农产品需求量，充分挖掘全省各级各类学校食堂这一庞大而稳定的消费市场。二是选好推进模式。在推进"校农结合"工作过程中，要经过实践探索总结，整理出好的工作模式。全省各地在充分结合自身实情，选取适合自身发展模式的基础上，更新改造、优化升级，形成带动作用并在全省推广。

2. 分层分类往前推

政府部门引导，建立健全政府、市场主体、农户、银行、扶贫、商务、教育、农业等多位一体的产业精准扶贫共同推进机制。动员引导各类市场主体积极履行社会责任，主动结对帮扶农村贫困人口，建立健全与扶持政策挂钩的市场主体包户包人增收脱贫机制，吸引和激励各类市场主体积极参与产业精准扶贫，充分发挥政府部门的协同联动功能。

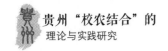
贵州"校农结合"的
理论与实践研究

省教育厅"校农结合"专班充分发挥好统筹协调的作用，切实加强与农业、扶贫、商务等政府部门及流通平台之间的沟通协调，确保形成工作合力。

建立保障农村和贫困地区学生上大学的长效机制，加大对贫困家庭大学生的援助力度。同时健全学前教育制度，帮助农村贫困家庭幼儿接受学前教育，稳步推进贫困地区的农村义务教育阶段学生营养改善计划，加大对乡村教师队伍建设的支持力度，全面落实连片特困地区乡村教师的生活补助，努力让每一个孩子都能享有公平而有质量的教育。办好继续教育，加快建设学习型社会，大力提高国民素质。还要加大对贫困家庭大学生的救助力度，以及对贫困家庭离校未就业的高校毕业生提供就业支持，实施教育扶贫结对帮扶行动计划。

完善工作机制，采取下发通知、召开会议、搭建 QQ 群或微信群等方式，定期收集、统计、通报全省各地各学校工作进展情况。"校农结合"工作专班与省农委的蔬菜种植专班、家禽养殖专班及省商务厅的绿色农产品促销专班协同配合，就搭建平台、指导种养业生产等工作进行对接协商，确保形成工作合力。

实施学生精准扶贫惠民计划。对于幼儿园要健全学前教育资助制度，为家庭经济困难的幼儿入园提供保育费和生活费资助，帮助贫困家庭幼儿接受学前教育。对于义务教育学校，完善义务教育家庭经济困难寄宿学生生活费补助政策，全面落实"两免一补"政策。对于职业院校，全面实施农村建档立卡贫困高中（中职）学生"两助三免（补）"、本专科（高职）学生"两助一免（补）"。充分利用大数据技术，健全从幼儿园到大学的贫困学生全程资助体系，不断完善并全面推广教育精准扶贫系统。

职业教育精准扶贫。大力推广"扶智计划、自强行动、造血工程"三项精准脱贫行动。组建职业院校"校农结合"联盟，利用科研实训基地建设等与贫困地区精准对接，助推深度贫困县脱贫攻坚。强化职业技能培训，为贫困人口脱贫、农村劳动力转移和乡村振兴计划提供支撑。

办学条件扩容改善计划。对于幼儿园，根据各地的不同情况改建村级幼儿园，实现乡村公办幼儿园全覆盖，基本形成以公办幼儿园为主体，覆盖县、乡、村学前教育公共服务网络。对于中小学，优化完善贫困地区中小学布局规划，严格规范学校布局，全面改善贫困薄弱地区学校的基本办学条件，落实必需的设施设备配备和校园校舍修缮，保证基本教学需要。对于高中学校，实施高中阶段教育普及攻坚和中等职业强基工程，加强实验室、实训室、图书馆、功能教室、学生宿舍、食堂、体育场（馆）等建设，推进普及高中阶段教育。

教育信息化应用计划。深入实施"互联网＋教育扶贫"，加大贫困地区教育信息化建设力度，将信息化基础环境建设纳入学校基础办学条件，加快实现"三通两平台"。

教师队伍提升计划。加强乡村教师队伍建设，深入贯彻乡村教师支持计划，落实乡村教师招聘引进、职称评聘、培训进修、评优晋职、生活补助、周转宿舍建设等政策。按实际需求配足、配齐特殊教育教师，落实特殊教育教师倾斜政策。完善城镇学校校长和骨干教师到农村或教育薄弱学校任职任教机制。高等院校学前教育专业和师范类专业精准对接贫困地区乡村中小学、幼儿园教师短缺实际，培养留得下、用得上的一专多能教师。

向农村和贫困地区招生倾斜计划。加大对贫困地区招生倾斜力度，实施好国家、地方、高校三个专项计划，提高农村和贫困学生进入普通高校学习的比例。支持普通高校适度扩大少数民族班的规模，为少数民族地区培养适用人才。打通中职－高职－本科的升学通道，稳定中职毕业生升入高职、高职毕业生升入本科的规模，提高高职分类招生中招收贫困家庭中职毕业生的比例。

高校服务农村产业革命。拓展和深化"省属院校帮百村"精准扶贫行动，组织高等院校立足自身人才和科技优势，建立定点扶贫工作机制，大力推动高校全面参与贫困地区对口帮扶精准扶贫。

教育对口帮扶计划。加大教育扶贫力度，完善城乡学校、幼儿园结对帮扶机制，全面落实教育扶贫结对帮扶行动计划，充分利用发达地区对口援助贵州省贫困地区各类教育资源，帮助贫困地区学校加快发展。

特殊困难群体关爱计划。精准关爱留守儿童、家庭困难儿童，着力实施幸福校园、平安校园、自信自强、结对帮扶、亲情桥梁、全程资助等六大精准关爱工程。

脱盲再教育计划。协调统筹民宗、妇联、文化、团委等部门，以深度贫困县、极贫乡镇和深度贫困村为重点，对农村及少数民族聚集地区 16 岁以上至 55 岁以下非在校生中的贫困群体开展脱盲再教育。

推普行动计划。把学习掌握普通话作为扶贫职业技能培训的重要内容，同时推进职业技术培训与普通话推广，增强就业竞争力。通过志智双扶推进"校农结合"的发展。

强化责任落实。各单位应把教育精准脱贫责任扛在肩上、抓在手上、落实在行动上，进一步明确责任分工，细化政策措施，确保教育扶贫工作落实落细。强化宣传监督。各单位要充分利用新闻媒体，广泛宣传教育精准脱贫"1＋N"计划各项惠民富民政策措施，要加大教育脱贫重大政策、重大项目、工作进展等重要信息的公开力度，及时通报教育脱贫工作督查情况并适时向社会

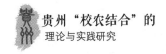

公开。学校要提高教育质量，以自身发展为依托，培养高素质科技人才。"校农结合"必须以项目为纽带，加强与各级政府合作，提高新型农民的实践能力和科学技术管理水平。"科、教、推"资源共享，形成合力。送教下乡，科技入户，示范引领。加强"校企结合"，使得人才培养和社会服务实现双赢。利用各种媒介渠道，搭建知识传播平台，通过全方位、多方面的宣传和普及"校农结合"，使农民对农业技术推广的作用和意义拥有深刻的了解和认知，从而在最大限度上提升我国农业技术推广的整体水平和工作效率。

（三）重点突破与统筹协调相结合往前推

"校农结合"虽然是助推脱贫攻坚的一种创新模式，但不是"包治百病"的扶贫办法，其自身发展还存在一些困难和问题，需要不断探索和完善，尤其需要各地在推广实践中不断深入，形成更加完善的机制。"校农结合"涉及点多、涉及面广，光凭学校、教育主管部门难以形成强大合力，还需要政府强有力的统筹协调。在"校"与"农"之间搭建相对稳定的采购机制，政府对"校农结合"重视程度越高、营造氛围越浓、任务目标越具体、督促落实越到位、支持力度越大、协调统筹越有力，学校的采购量就会越大、配送能力就会越强、学校和贫困群众积极性就会越高，产业发展就会越快越好，贫困农户增收力度就会越大，脱贫攻坚效果就会越明显，产业脱贫就会越稳固。

整体推进，才能统筹协调，把握"校农结合"大局；重点突破，才能以点带面，激发"校农结合"动力。"校农结合"是一项全面的创新型工程，涉及农业、扶贫、商务等政府部门及流通平台之间的沟通协调，领域广泛、任务繁重。随着"校农结合"不断深入，各个领域、各个环节的关联性和互动性明显增强，每一项改革都会对其他改革产生重要影响，每一项改革又都需要其他改革协同配合。若不整体推进，很多单项改革将难以完成。"校农结合"整体性特征，决定了我们各项决策部署应更加注重措施的相互促进、良性互动、协调整合。同时，整体推进不是平均用力和"一刀切"，而是要注重抓主要矛盾和矛盾的主要方面。

1. 以"校"为依托

针对中小学幼儿园师生消费、营养餐网点多而分散的特点，建议从地州市层面来统筹，在地州市区域内建立统一的配送平台。根据中小学幼儿园学生身体成长特点和需求，建立配套营养标准餐，合理搭配膳食，形成相对固定的农产品需求。同时，核实各学校"校农结合"定点采购量，进行目标考核，用"配额换订单"形式，在区域内进行配送。针对高校、职业院校师生人数众多，消费市场需求量大的情况，相对集中人力智力、科研平台、实践实习、成果转化等多种资源，建议省教育厅从省级层面进行"校农结合"统筹，建立全省统一流通配送平台，对流通配送企业实行公开竞标。应组织调研组进行调研，根据学校规模核定"校农结合"任务量，实行目标考核，用"配额换订单"的办法，对贫困村农产品实行就近配送和跨区域配送，通过定点采购拉动产业发展。

2. "部门"协同联动，打出"组合拳"

针对统筹推进力度不够等问题，建议省教育厅争取省委、省政府加大对"校农结合"的统筹推进力度，切实解决部门协调不畅问题，打出组合拳。

3. 统筹兼顾各地区，协调区域发展

全省应以贵阳市、遵义市、毕节市为重点，统筹兼顾其他各州市，全省应以贫困县、贫困乡镇、贫困村为导向，助推脱贫攻坚。

针对产业发展不均衡等问题，建议借鉴国家"农校对接"的做法，对全省"校农结合"产业进行全省区域性规划布局，实施"捆绑"式定向扶贫项目，学校智力技术配套，通过项目定向扶持，推动贫困村贫困户产业发展；同时根据地区贫困村贫困户的地理分布特点，进行"校农结合"扶贫项目科学规划布局，定向"捆绑"配套，推进产供销一体化。

针对典型示范推进经费不足问题，建议省教育厅确定 2~3 个试点地区，适度、集中加大"校农结合""试点试验"的经费投入，打造"校农结合"综合示范区，发挥"试点试验"四两拨千斤的示范作用。

4. 推进"三个有机结合"

一是坚持需求引导与产业培扶有机结合。各级教育部门和学校应积极配合有关部门，按照以需定产的原则，引领指导生产企业或农户产业结构调整和布局。

二是坚持建基地与搭平台有机结合。根据贫困户的特点引进农产品生产企业到贫困地区建立生产基地，通过订单供给学校，同时搭建好购销平台。

三是坚持扶贫与扶志、扶智有机结合。"校农结合"的本质就是帮助贫困群众脱贫，学校要有效发挥教育部门的智力资源优势，在技能培训、技术指

导、激发内生动力等方面着力，引导贫困户树立"立志、强智"的信心，早日实现脱贫。

（四）打通校内校外机制障碍往前推

在推进产销对接的工作中，后勤集团化背景下的高校食堂、中小学营养餐形成了一条固有的利益链，产销对接减少了采购的中间环节，直接将节约下来的中间成本让利于贫困农民，这就必然损害了一些中间商的利益。在现有运行机制下，学校后勤集团几乎处于"无监管"（学校食堂既不由当地政府直接管理，也不由学校直接管理）的自由状态，因此，学校统筹食堂采购业务的难度较大，产销对接时断时续。

针对这一情况，建议理顺学校食堂运行机制，由省教育厅统筹建立后勤集团联盟，或者直接交由当地政府管理。学校之间更多的是一种竞争关系而非合作关系，实现采购供求信息共享的难度较大，针对这一情况，建议继续推进"校农结合"产销联盟平台建设，地方政府要将所有学校都纳入"校农结合"产销平台。

要推进"校农结合"工程，需要排除三大障碍。其一是思想观念障碍。有个别学校领导、教师片面认为教育部门和教育工作者的职责就应该是教书育人，搞什么"校农结合"，去买卖白菜、鸡蛋这类行为是不务正业，这些片面思想、言论障碍不消除，"校农结合"就不能得到有效推进。其二是利益固化的藩篱障碍。"校农结合"推进过程中，学校个别负责食品采购人员会得到中间环节的利益，因此只顾自己，不顾全局。各级学校应相互交流经验，做到信息共享，才能有效地推进"校农结合"工作向前发展。

1. 建立动态管理机制

实地调查了解贫困农民的思想动态、产业发展动态、市场销售动态、技术需求动态、产销对接动态，及时向有关部门反映情况，建立服务地方经济社会发展的"智库""信息库"，以适应经济社会发展的要求，对"校农结合"的管理对象、管理内容、管理方法、自身管理体系和制度不断进行调整和变革，建立一种动态管理机制。

2. 建立考核机制

贵州省教育厅应进一步加大对各地各校"校农结合"工作开展的督查考核

力度，把"校农结合"工作纳入高校加快发展目标绩效考核，将市（州）、县落实"校农结合"情况列入年度目标任务，年终时对组织考核组进行专项考核，对"校农结合"工作落实不力、工作滞后、效果不佳的地区和学校，将予以通报批评并责令整改。

3. 完善精准对接机制

试点地区各职能部门要按照党中央国务院的有关文件精神要求，各司其职、各负其责、相互密切配合，加快推动"校农结合"试点工作。要积极探索"校农结合"实现的有效机制、模式和政策措施等，解决试点过程中遇到的问题。总结试点经验成果，密切关注试点工作进展情况，报送教育部发展规划司。"校农结合"对接精准扶贫工作主要从发挥学校自身优势出发，从教育扶贫和产业扶贫两个方面入手，认真贯彻落实精准扶贫工作。落实精准对接机制，要从以下四点入手。

一是需求引导定基地。各地按照"学校需要什么就组织生产什么"的原则，以学校需求为导向，积极调整农产品产业结构布局，推动产业培扶。由教育部门列出所需农产品，在市农委组织和指导基地规划、种植养殖下，促进农产品规模化、专业化生产；确保农产品安全和质量，有序地向学校提供所需食材，有效推动农业产业结构调整升级。

二是订单生产保供应。鼓励和引导各地建立农产品生产基地，通过订单的方式供给学校，随着"校农结合"各项工作关联度的不断加强，新的"学校＋基地＋企业＋农户"产业链正在形式。在贵州省教育厅、黔南州政府的领导、引导和帮助下，黔南民族师范学院率先与贵州绿色农产品流通公司合作，与黔南地区几所高校建立"校农结合"高校集团，通过分配给流通公司对学校食堂供应的配额，换取流通企业到定点贫困村采购，并实行配额大于定点购量的形式，利用差额配送差价利润，弥补流通环节带来的亏损，建立"集团联合定点采购＋配额换订单统筹配送＋整合资源建基地培扶产业"的"校农结合"升级版，通过有效的订单方式确保了学校所需农产品的正常持续供应。

三是扶贫扶智双促进。"校农结合"把扶贫和扶志、扶智结合了起来，认识到贫困群众既是脱贫攻坚的对象，又是脱贫致富的主体。高校通过"校农结合"促进贫困户脱贫致富的同时，还要有效发挥学校的教育、人才、智力等资源优势，加强农民技能培训，为农民提供技术指导，引导贫困群众发扬自力更生精神，调动贫困群众的积极性、主动性、创造性，注重激发贫困地区和贫困群众脱贫致富的内在活力，注重提高贫困地区和贫困群众自我发展能力，引导

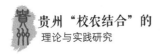

贫困户"立志、强智"早日脱贫。更实现"输血式"扶贫向"造血式"扶贫转变，实现"智志双扶"。

四是精准到位促扶贫。"校农结合"根据扶贫政策导向要求，做到实事求是，精准到实处。精准识别需要帮扶的贫困对象，深入到贫困村贫困户，确定帮扶对象。"校农结合"根据各贫困村的实际情况，确定帮扶措施，因地制宜结合当地农业产业特色，助推产业结构优化升级，形成"一县一业""一乡一特""一村一品"的产业布局。结合村干部进行精准帮扶，对基地农产品进行精准管理。制定长期有效、精准到位的"校农结合"扶贫措施，有效促进精准扶贫工作的开展，帮助广大贫困农民早日脱贫。

（五）创新"校农结合"精准扶贫模式往前推

学校在脱贫攻坚中有明显的资源优势，但学校不可能从根本上解决乡村发展的资金问题。实现产业政策、科技政策、扶贫政策、财政政策、信贷政策等方面无缝对接，才能有效推进脱贫攻坚工作。

1. 拓展创新"校农结合"＋"农村金融致富学校"模式

金融支持产业扶贫是一种新型的创新模式，具有重要的现实意义。金融支持产业扶贫是指在精准扶贫基础上，将金融资源、金融手段注入产业扶贫的全过程。目前，金融支持产业扶贫的基本做法是采用贴息担保的方式，给建档立卡的贫困户提供小额贷款，帮助其参与发展特色产业，实现脱贫致富。金融企业可以通过"校农结合"中的项目合作，定向支持项目中的低收入农户。加强金融机构对"三农"发展的资金支持力度，通过银行让利、财政补贴等方式，降低低收入农户的融资成本，帮助低收入农户脱贫。

在此基础上，建议省教育厅进一步推广"'校农结合'＋'农村金融致富学校'"模式，二者优势的有机结合将会产生"1＋1＞2"的效果。目前，黔南民族师范学院与黔南农信就该项工作的推进已有较好的思路。

2. "科技＋"扶贫模式

针对贵州省科技扶贫服务平台不健全、不完善的问题，贵州可以结合自身的实际情况，研究借鉴国外、省外经典的"科技＋扶贫"模式。为夯实农村科技基础，加大科技培训力度，可以借鉴美国"科教推"一体化体系。还可以依靠贵州省各大高校师资力量、农业科技研究人员人才，建立健全农村的科技培训体系，针对农村不同的贫困群体、不同的需求，有针对性地开展培训。同时，政府积极引导社会群体参与，科技机构提供技术力量的支持，达到提高农民素质的目的。

开展科技培训。首先，从政府工作人员入手进行培训，学习国家政策及其精神。对科技平台操作人员的技能进行培训，定时定期开展学习，对于建设和发展中遇到的困难和问题进行汇总、总结、反思，及时解决。其次，深入农村进行技术引导和指导。聘请各大高校的专家、科技研究人员，为种植户、养殖户实地进行手把手的指导和辅导，不仅要提高生产效率、提高农产品的附加值，为农民增收，而且要形成带动效应。最后，建立农村农业科技基地，尽可能做到全面覆盖。采取"线上＋线下"培训与解决问题相结合的方式，教会农民使用线上网络平台，遇到问题线下实地解决。定时定期开展讲座和学习专班，进行宣传推广。

加强科技平台的资金投入和运营管理。推进"校农结合"，技术和资金是最主要的瓶颈之一。首先，政府和财政部门要加大资金投入，资源资金应该向农村倾斜，加大补贴力度，改善农村基础设施。其次，拓宽投入渠道，撬动社会资金的多元化投入。光靠政府和财政部门的资金是不够的，政府要引导社会商业资本的投入。如可以为社会资本流入农业科技提供绿色通道。相关部门制定鼓励政策，在政策上向农村倾斜，为农业科技人员的事业发展提供风险担保支持，营造良好的发展氛围。此外，出台相关的农业科技资金管理政策，建立并补全相关体系。

形成平台运行的监督和评价机制。贵州省科技厅、财政厅应完善准则，建立透明的社会监督渠道，对项目的实施进行全程跟踪。

创新机制以放大平台经济效应。一是逐渐扩大科技扶贫服务平台的覆盖面，将未来发展具有潜力的、带动效应较强的、具有相对优势的农业产业纳入科技服务平台。二是要坚持因地制宜的原则，充分结合各个区域的特点，制定配套的科技扶贫政策，防止其在农业科技推广过程中，出现"同质化"现象。三是整合科技服务平台的资源，开设专栏，提高使用效率。

推广科技扶贫的经验。鼓励基层积极探索创新，对外开展交流合作，积极宣传平台运行成效经验，建立常态化的经验交流和推广机制。

3. 创新"互联网＋"模式

随着互联网的不断发展，尤其是随着智能手机的普及，人们的日常生活越来越依赖网络。"校农结合"紧跟时代步伐，搭乘"互联网快车"。

黔南民族师范学院与金融、流通、信息等部门合作，形成了"教职工＋预约直销平台＋物流公司＋农户"线上订单、线下配送的创新型模式。在此基础上，经过研发，2018年9月正式开通了手机版"校农结合预约直销平台"，学院食堂、教职工以及"校农结合"各有关商家，都可通过App实现线上订单、线下配送；并谋划接入全国"农校对接"已建的"中国农校对接服务网"，在全国高校食堂采购上实现网上订单交易、支付、融资、第三方认证，争取加入全国"校园团餐联盟"。

为推动"校农结合"不断发展，我们应该不断创新"互联网＋销售"模式，搭乘"互联网＋"快车，更新"校农结合"农产品营销方式，利用互联网展示"校农结合"农产品，提供有关"校农结合"农产品的相关资料，以便消费者查询，实现供需互动与双向沟通，与消费者建立长期的良好关系。要不断加强"校农结合"农产品品牌建设，提高知名度，深化农产品市场化程度，促进"校农结合"，让黔货出山。

4. 创新"结对帮扶"模式

启动新一轮党建结村帮扶贫困户家庭举措。2018年黔南民族师范学院创新"结对帮扶"扶贫模式的主要体现之一就是向扶贫点学校捐赠床上用品并对学生开展"学生心理健康咨询活动"；学院师生还在塘边镇新风村对贫困户进行了慰问，开展了党建的扶贫工作。

师院校团委曾组织"三下乡"社会实践服务团在扶贫点平塘县卡蒲毛南族乡摆卡村捐款6000余元，以便用来建设"青春助力脱贫攻坚——'志智双扶'农家书屋"和"'校农结合，文艺帮扶'爱心书屋"，推进"双扶"政策的实施，促进扶贫工作的深入。

为了解贫困地区的实际情况，黔南民族师范学院历史与民族学院组织师生深入都匀市归兰水族乡进行"乡村振兴"调研，旅游与资源环境学院组织师生深入福泉市凤山镇开展贫困调查，教学科学学院"教育关爱服务团"深入多个贫困乡村留守儿童家中开展教育关爱活动。

在黔南民族师范学院党委安排部署下，组织部牵头，组织15个二级学院党委（党总支）和6个机关党支部共41名党员，代表党组织分赴平塘县卡蒲毛南族乡摆卡村、新关村和场河村等21户贫困户家庭，深入开展走访和调研，了解贫困户生产、生活、家庭收入来源、产业发展等情况，根据收集到的信息，编写出2019年结对帮扶贫困户家庭工作方案，为2019年开展新一轮党建帮扶打下了良好的基础。

5. 创新帮扶联结模式

根据现阶段农业农村发展实际，贵州全省范围内现推行以下五种基本模式，指导市场主体与扶贫对象形成利益联结机制，实现共同发展、稳定脱贫。

（1）龙头企业＋贫困农户

农业产业化龙头企业与贫困对象签订帮扶协议，根据贫困农户家庭情况及发展条件，结合企业生产经营实际和需要，采取资金扶持、订单生产、劳务就业等多种方式，通过种养加、产供销、农工贸等多种渠道，辐射、带动贫困农户增收脱贫。

（2）农民专业合作社＋贫困农户

农民专业合作社与贫困对象签订帮扶协议，采取入股分红、包购包销、技术服务、管理培训等方式，在产前、产中和产后与贫困农户进行合作联结，带动贫困农户稳定发展生产和经营。

（3）家庭农场＋贫困农户

家庭农场与贫困对象签订帮扶协议，采取承包租赁、合作联营等方式，吸纳利用贫困农户土地、劳动力和其他资源，就地带动贫困农户增收脱贫。

（4）专业大户＋贫困农户

专业大户与贫困对象签订帮扶协议，采取提供种苗、技术指导、管理服务、保底收购、基地做工等多种形式，帮扶贫困农户掌握实用技术和发展门路，发展种植、养殖、加工及乡村旅游等农特产业，实现持续增产增收。

（5）农村电商平台＋贫困农户

依托全国知名电商、农村电子商务服务站等平台，通过线上网店、线下实体店等渠道，采取为贫困农户网购商品、网销农特产品、提供物流配送岗位等途径，帮助贫困农户解决生产、销售、技术、信息等问题，带动贫困农户增收脱贫。

鼓励各地根据实际情况，探索创新到户到人模式，广泛吸引各类市场主体参与产业精准扶贫。

6. 宣传推广"校农结合"经验模式

贵州的"校农结合"源于黔南民族师范学院，该校通过发挥高校人力、智力等优势，采取"定点采购、产业培扶、基地建设、示范引领"助推精准脱贫的经典模式作法，增强了贫困户发展内生动力，创新了"扶志"与"扶智"相结合的模式，实现了一仗双赢。这种做法经过实践得到社会广泛认可，"校农结合"的经验模式为精准扶贫提供了一个好的思路。

（六）整合学校资源优势，志智双扶往前推

"校农结合"的实质是帮助贫困户脱贫。扶贫首先要扶志。部分群众思想观念落后、主动脱贫的动力不够，少数贫困群众存在"等、靠、要"思想，这类贫困户就需要扶志，即通过扶思想、扶观念、扶信心，帮助他们在思想上"脱贫"。从"要我脱贫"变为"我要脱贫"，从旁观者变为参与者，帮助他们树起脱贫的志气，挺起脱贫的腰板，展现出脱贫的面貌，激发出持久的脱贫致富内生动力，从根源上解决"意识贫困"问题。扶贫还需要扶智。光有脱贫的志向，没有脱贫的方法，也无法脱贫。扶智，就是要围绕"校农结合"产业发展，通过扶知识、扶技术、扶思路，帮助和指导贫困群众提升脱贫致富的综合素质，增强"造血"功能。对于贫困群众要从农业技术学习、产业发展等渠道入手，通过实施农业实用技术培训、培训创业致富带头人等措施，让贫困户掌握一定的技术本领与经营手法，从行动上解决"如何脱贫"问题。

"校农结合"是通过激发农民内生动力，促进农户调产业结构，发展产业脱贫，是"造血式"扶贫，是扶志与扶智的结合，建议在扶贫资金中设立"校农结合"专项资金，在流通环节上实行"以奖代补"，扶持流通平台建设。对于学校而言，应按照贵州省委、省政府《2018年脱贫攻坚春风行动令》"坚决打好农业产业结构调整攻坚战""100％农民专业合作社实现技术团队全覆盖""产业规划和项目到村到户到人""利益联结机制到村到户到人""产销衔接到村到户到人""专家技术服务团队到村到户到人"的具体要求和部署，充分发挥学校在产业结构调整、技术团队组建、产业项目规划、产销衔接、创新方式方法、深入开展"志智双扶"方面的独到优势，将"校农结合"往前推进。

为了促进"校农结合"工作更好地开展，必须要深入整合学校资源优势，实施"N项教育精准脱贫计划"。这个计划主要包括实施学生精准资助、职业教育精准脱贫、办学条件改善、教育信息化深化应用、教师素质提升、农村和

贫困地区招生倾斜、高校服务农村产业革命、教育对口帮扶、特殊困难群体关爱、脱盲再教育、推普脱贫攻坚等教育精准脱贫计划。

（七）在充分发挥市场决定性作用的基础上往前推

"校农结合"是在社会主义市场经济的前提下开展的一项创新性工作，这就决定了各项工作要让市场在资源配置中发挥决定性作用，应在尊重市场客观规律的前提下往前推。一是要按照市场需求（学校对农产品的需求）引领指导生产企业或农户的产业结构调整和布局。二是生产企业和农户要千方百计降低生产成本，通过技术、管理等多方面创新来增加收益。只有这样，才能实现学校、生产企业、农户三方共赢。学校消费市场终归是有限的，但"校农结合"发展是无限的，当前解决的是脱贫问题，脱贫后要实现的是致富，是小康，更是乡村振兴。学校人员集中，消费群体大，有学生的消费、教职工的消费，还有师生背后的家庭消费以及与学校有联系的其他消费。如何发挥好学校渠道作用，帮助贫困农户销售农产品，是一个非常值得深挖的一个命题，应该在充分尊重市场规律决定性作用基础上，充分发挥政府的统筹协调功能。

（八）强化"校农结合"与乡村振兴，在深度融合中往前推

"校农结合"助推脱贫攻坚，有利于学校转型发展，实现一举多得的"合作共赢"目标。学校在实施"校农结合"过程中，结合国家建设民族师范学院师范性、民族性、地方性、应用型"三性一型"办学特色，加大产业帮扶，加快实现科研"双一流大学"目标，突出成果转化，建立实践实训基地，使教育更加"接地气"，育人更加"服水土"。

通过"校农结合"，帮扶毛南族村寨建设产业发展基地；在毛南族村寨建设学生生产性实习实践基地，提高学生实践动手能力；实现产教融合，推动应用型人才培养；建立科技成果转化基地，提高科研成果转化率，提高科研成果在地方经济社会发展中的贡献率。在2017年本科教学水平审核评估工作中，国家教育部审核评估专家对黔南民族师范学院办学定位与培养目标、整体思路和培养模式、教学资源建设、课程和教材建设、学生发展、人才培养等方面工作给予了高度评价，对学校本科教学水平工作给予充分肯定。学校在人才培养、学科建设、服务社会经济发展等方面取得了长足的发展。

教育扶贫最根本的目标是解决经济社会发展的人才问题，农村经济发展之所以迟滞，很大一部分原因就是人才短板难以补齐。"校农结合"在教育系统和农业、农村、农民之间搭建了良好的沟通联系平台，在实施产业扶贫的同时，也为教育系统介入农村人才培养提供了良好契机。针对当前"校农结合"在广度和深度上都不够的突出问题，结合产业兴旺、生态宜居、乡风文明、治理有效、生活富裕的乡村振兴总要求，立足贵州各级各类学校的优势资源，精准对接乡村振兴的需求点，推进"校农结合"与乡村振兴的深度融合。

（九）深入研究产销对接的基本规律往前推

以销定产，产销结合。应通过学校的就餐人数首先计算出学校食堂对食材的需求主要有哪些种类，然后计算出每一季度的需求量，以销定产，出现农产品卖难的概率大大降低，学校食堂也不用担心无长期、稳定、安全的食材供应渠道。同时，创新"互联网＋"农业产销一体化的利益联结模式。传统的农户与企业间利益联结机制有买断制、合同制、股份制等具体实施形式，但这些模式更适合维护那些运行规范、规模庞大的企业的利益，而不利于维护农户利益。互联网技术的引入有效增强了农户之间的"自组织"能力，农户可以基于互联网平台形成农户利益联盟，并以联盟形式来与企业之间展开农产品的产供销谈判，就农产品产供销体系内部的分工合作方式、农产品产业链组织形式、农产品销售利润回馈农户渠道等方面内容达成一致意见。农产品生产组织具有周期性较长的特点，这与农产品消费市场需求结构的瞬时性变动之间存在难以调和的矛盾。借助网络，农户可以直接根据网络平台回馈的需求信息来"零时差"地调节农产品生产，将有限的农业生产资源投入到需求价格高、需求量旺盛的农产品品类上，从而提升包括上游农户在内的农产品产业链整体收益水平。

"校农结合"必须适应市场经济的内在要求，顺应农村发展新时期、新阶段、新形势的客观要求，这也是发展现代农业的必然选择，以发展绿色经济作为导向，应遵循以下产销规律。

1. 顺应市场经济的内在要求

"产销"把生产作为发展市场经济的中心环节，也是发展市场经济的首要环节和主要任务。以计划经济的形式，对生产的农产品进行分配与调拨，市场在资源配置中只能起到基础性作用。随着市场在资源配置中的作用发生转变——由基础性作用转变为决定性作用，在资源配置逐渐市场化的前提下，尽管生产的作用还不能被替代，"产销"规律还在运行，但市场的作用逐渐凸显，其带动效应不断提高。"校农结合"必须顺应市场在资源配置中的转变要求，突破计划经济的束缚，结合"产销"规律，让农户根据市场发出的信号和需求，做出研判，自主决定生产什么、种植什么、销往何处。

基于市场经济体制转型发展中存在的农村物流体系建设不健全（冷链加工、电子商务、物流配送等），农产品营销体系以及产前、产中、产后服务体系的不健全的现状，"校农结合"要结合市场经济体制改革的内在要求与发展规律，逐步建立健全物流、营销、服务体系，补齐农业发展短板。

2. 顺应农业转型发展的大趋势

在新形式新阶段大背景下，农产品的供求矛盾发生了质的变化，由原来的短缺转变为新形势下的结构性、阶段性或地区性过剩。"校农结合"这一创新举措，为农业发展提供智力、人力、物力、技术等资源的同时，也为农产品销售提供了稳定的市场，打破了资源与市场的双重束缚。现代农业与传统农业相比具有市场化、科技化、规模化（集约化）、产销一体化的特征，"校农结合"必须要认识到现代农业这一特征，助力"产销"向"销产"转变，为农业的转型发展提供支撑，在横向与纵向上加强与农业发展的联系，推动农业发展方式转变，产业结构优化升级，实现传统农业向现代农业的转型。

3. 先试点运行，总结典型经验

"校农结合"的产生、发展、推广是一个矛盾的普遍性与矛盾的特殊性统一的过程。先试点运行，得出可复制、可推广的"校农结合"经典模式，然后深刻反思和总结典型经验，向可运用、可实施的地方推广。以典范和榜样形成带动效应，各地区可以结合自身实际情况，因地制宜，从典型模式与先行经验中取其精华，在一定条件下，实现矛盾的普遍性和特殊性的相互转化。

4. 顺应"绿色"导向，促进产销对接

随着社会的进步，人们素质的提高，科学健康的生活方式逐渐成为主流，人们追求有品质的生活，绿色农产品因此占据了市场。绿色生产、绿色加工、绿色包装、绿色运输、绿色销售是产销能顺应时代发展、适应主流、保持生命力的所在。"政府要充分发挥在保障农产品安全质量监督检查过程中的积极作用，加大绿色生产技术、优良品种推广的国家财政补贴力度，通过政策激励不

断降低农户绿色生产成本，增强农户获得感，引导和规范农户绿色生产行为。"①

5. 充分利用信息技术手段

现如今，随着经济的发展和社会的进步，人类已经进入互联网时代，很多贫困农村都基本实现了网络全覆盖，农村信息化水平逐渐提高，很多农民都拥有一部智能手机，有的家庭还配备了电脑上网。在这个信息化的时代，我们应该利用好网络资源，对于农产品的销售，我们应开阔眼界，而不应仅仅满足于农产品实体化市场销售，还应该开拓农产品的线上销售模式，以信息化促进农业产销信息对接。

黔南民族师范学院利用该校的人才资源，组织计算机与信息学院、生物科学与农学院等学院的学生自愿参加送科技下乡的志愿者活动。学生在专业老师的带领下，带上相关的计算机和农业书籍，教给那些有志学习电子网络致富的农民基本的网络和计算机操作知识和技能。学生在辅助老师指导农民学到知识的过程中，不仅能强化自己的专业知识，还能锻炼个人的社会实践能力。

创新"互联网＋"农业产销一体化组织的利益联结模式。互联网技术的引入有效增强了农户之间的"自组织"能力，农户可以以联盟的形式与企业展开农产品的产供销谈判，就农产品产供销体系内部的分工合作方式、农产品产业链组织形式、农产品销售利润回馈农户的方式等内容达成一致意见。农产品生产组织具有长周期性的特点，借助网络，农户可以直接根据网络平台反馈的需求信息来"零时差"地调节农产品生产，将有限的农业生产资源投放到需求价格高、需求量旺盛的农产品品类上，从而提高包括上游农户在内的农产品产业链的整体收益水平。

6. 利用大数据培育产销人才

大数据能对科技创新型人才培养过程进行创新型实时监督和反馈。大数据时代的来临，不单单带来更加庞大的数据，让分析更加准确，更重要的是带来了一场思维的变革。因此，高校要想实现更好的发展就必须紧跟时代步伐，转变传统的教育培养方式，重新审视学生的要求。高校要注重对学生的创新性思维和发散性思维的培养，提升学生的综合素质。同时大数据时代的教育不再是

---

① 杜运伟，景杰.乡村振兴战略下农户绿色生产态度与行为研究［J］.云南民族大学学报（哲学社会科学版），2019（1）：95—103.

158

依靠理念和经验传承，教育政策也应该相应地转变为实证科学中的一项具体问题。这也是对高校管理者和决策者的一个教学措施建议。

7. 构建利益共同体

政府有关部门主导，市场引导，整合各方资源，分校实施帮扶，企业和社会力量积极参与，配送公司优先采购学校定点帮扶乡（镇）村的农产品，形成校、企、农三方利益互惠、合作共赢的共同体。各高校要与配送公司签订农产品采购配送协议，明确双方的责任、权利与义务，配送公司要在保证运行成本基础上，承担相应的社会责任，保证配送的农产品质量符合国家相关质量标准，价格合理，同时确保师生消费农产品的安全。

"加强校企合作、产教融合，建立常规化合作体制机制，加强校企、校校和校户深度合作，建立政府、行业、企业、院校和农户的深度融合平台。"[1]培养服务地方、服务基层的人才是培养社会主义建设者和接班人的重要任务。"校农结合"促使教育与地方经济社会发展结合得如此紧密，这是前所未有的。像贵州这样大力气、全方位、高质量推进"校农结合"的创新实践更是前所未有，由此引申的"企农""超农""医农""银农"等结合方式，为助力贫困地区农产品出山、教育教学与实践相互结合都提供了新思路。

在贵州即将强力推进教育现代化和教育强省的战略背景下，"校农结合"彻底改变了过去教育教学与实践、地方经济相互脱节的状况，为教育大转型变革提供了重要契机和实践经验。"校"与"农"是相辅相成的关系，"校农结合"中的"校"为"校农结合"中的"农"（脱贫攻坚、产业革命、乡村振兴）注入了持久动力；"校农结合"中的"农"又反过来为"校农结合"中的"校"提供了广阔的实践空间和发展平台。"校农结合"实现了"三农"与"学校"的完美结合。"校农结合"是党的教育方针和党的宗旨的具体体现，是培养社会主义建设者和接班人的重要途径。"校农结合"是一项崭新的系统工程，应站在立足贵州、俯瞰西部、展望全国的高度往前推，争取率先在贵州实现一场深刻的教育转型大变革。

---

① 刘爱玲，薛二勇.乡村振兴视域下涉农人才培养的体制机制分析［J］.教育理论与实践，2018（33）：3—5.

附件：黔南民族师范学院"校农结合" 2018年工作总结

（2018年12月22日）

2018年，学院继续帮扶平塘县卡蒲毛南族乡摆卡村、新关村和塘边镇的新建村、新风村、塘泥村共5个贫困村，学校制定实施方案，深入实施"校农结合"助推脱贫攻坚工作，取得了新的成效。现将工作情况、存在问题及下一步工作思路总结如下。

一、制定两个工作方案，确定帮扶工作目标

2018年4月，学院印发了《黔南民族师范学院关于开展2018年"校农结合"工作助推脱贫攻坚的实施方案》，提出了2018年帮扶工作的十大任务：引导贫困村供给侧结构改革，加快帮扶村产业形成壮大；加大配额换订单配额量，加大对帮扶村农产品采购量；建立教职工预约直购平台，切实解决贫困对高端原生态农产品的"卖难"问题；开展毛南族文化项目研究，打造毛南文化精品；开展少数民族地区乡镇"双语"培训，推进"双语"教学发展；开展中小学教师培训，推进文化产业帮扶；推选专家现场"手把手"生产技术技能培训，实现产业技能全覆盖；拟筹拍"校农结合"微电影，扩大"校农结合"党建扶贫影响力；积极支持帮助定点村搞好综合规划，推进乡村振兴战略实施；加强对"校农结合"的领导，增派帮扶力量扩大精准扶贫成果。

2018年6月，学院印发了《黔南民族师范学院服务农村产业革命工作实施方案》，提出"十大工程"目标任务，包括推出一批服务"三农"的科研成果，对接一批服务"三农"的产业项目，建立一批"三农"的合作基地，打造一支服务"三农"的智力团队等。

二、"校农结合"工作取得的成效

学院党委运筹帷幄，分管校领导一线指挥，组织部牵头组织协调，各二级学院和行政机构积极配合，按照前述两个工作方案的安排部署，协力开展帮扶工作，取得明显成效。

（一）探索"校农结合"以配额换订单的农产品采购配送新模式

随着"校农结合"不断深入发展，学院的帮扶覆盖面从卡蒲毛南族乡两个一类贫困村扩展到平塘县毛南族聚居地区 19 个村，进而发展到全县，产业培扶力度加大，基地建设示范引领加强，"校农结合"出现了单品产量大销售渠道不畅的新"卖难"问题。在省教育厅、黔南州政府的领导、引导和帮助下，学院率先带头与贵州绿色农产品流通公司合作，与黔南地区其他几所高校成立"校农结合"高校集团，通过分配给流通公司对学校食堂的供应配额，换取流通公司到定点贫困村采购，并实行配额大于定点采购量的形式，利用差额配送差价利润，弥补流通环节带来的亏损，打造"集团联合定点采购＋配额换订单统筹配送＋整合资源建基地培扶产业"的"校农结合"升级版。

（二）创新工作方式，扩大扶贫点农产品采购量

2018 年年初学校制定了全年采购农产品 100 万元的目标任务，但从 2018 年上半年与绿通公司合作签约后运行情况来看，因为差价问题，配送公司在扶贫点农产品采购量少，学校又继续协调食堂到扶贫点采购农产品，并发动全校教职工参与高端农产品预约直购。目前学院"校农结合"根据贫困村农产品季节特性和产量走势形成三大运营形式，即"大路货"农产品，形成"高校集团（联盟）＋流通龙头企业＋农村合作＋农户"的运行模式；单宗大批量农产品，形成"学院食堂＋农村合作＋农户"直购运行模式；"高端"原生态农产品，形成"教职工＋预约直销平台＋物流公司＋农户"线上订单、线下配送模式。2018 年教职工预约直购农产品五批次累计 469400 元，观澜食苑通过绿通公司全省配送或亲自到扶贫点采购 16 批次累计 394166.77 元，雨花食苑通过绿通公司全省配送或亲自到扶贫点采购 23 批次累计 260991.95 元。截至 2018 年 11 月 30 日，学校通过直销模式、配额换订单模式及线上采购三种模式采购农产品 44 批次，采购总额达 1430375.95 元（学校到扶贫点采购 863416.68 元，占采购总额的 60.36％）。其中猪肉占 37％，大米占 11％，菜籽油占 24％，鸡

蛋蔬菜占 28%。

（三）开发农产品预约直购手机平台，与全国"农校对接服务网"并轨

随着"校农结合"深入快速发展，大量"校农结合"基地农产品出现，出现了区域内学校用量"饱和"情况。为解决大规模"校农结合"销售难问题，学院组织各方面力量，与金融、流通、信息等部门合作，经过为期一年的研发，2018 年 9 月正式开通了手机版"校农结合预约直销平台"，学院食堂、教职工以至"校农结合"各商家，都可通过 App 实行线上订单、线下配送。学院网络平台销售正在积极调试和探索，谋划接入全国"农校对接"已建的"中国农校对接服务网"，在全国高校食堂采购上实现网上订单交易、支付、融资、第三方认证，争取加入全国"校园团餐联盟"，在全国范围内实施"校农结合"全国配送。同时，学院正积极与贵州黔菜出山农业发展有限公司洽谈合作，实施"校农结合"黔货出山。黔南民族师范学院"校农结合"正积极向全国"联网接轨"网络平台销售靠近。黔南民族师范学院"校农结合"不仅助推脱贫致富，而且开启了"服务农村产业革命"和助推"乡村振兴"的新征程。

（四）建成校内"校农结合"孵化中心、扶贫点等新的产业示范基础

2018 年 9 月，学校在校内观澜食苑二楼南侧建成"校农结合"孵化中心和农产品展示厅，并将学校扶贫点平塘县卡蒲毛南族乡、塘边镇几个帮扶村的农产品陆续上架，面向广大师生开售。孵化中心兼具农产品样品展示、教职工预约直购，线上订单、线下配送，工作宣传，刷卡消费等多种功能，2012 年 11 月至 12 月，学院通过该中心为全校教职工生日配送"校农结合"农副产品慰问品价值 30 万元。2018 年扶贫点卡蒲毛南族乡两个扶贫村新建了"校农结合"示范基地 3 个，总面积 1750 亩，其中新关村蔬菜种植基地 600 亩、云茸食用菌种植基地 800 亩、摆卡村蔬菜种植基地 350 亩。

（五）启动新一轮党建结村帮扶贫困户家庭举措

2018 年各二级学院和部门组织的活动有：向扶贫点卡蒲毛南族乡小学所有住校生捐赠 58 套床上用品，开展"学生心理健康咨询活动"，免费为卡蒲毛南族乡小学、新关村小学绘制面积达 600 平方米价值 8 万元的彩色墙绘。在塘边镇新风村开展党建扶贫工作，看望、慰问贫困户。校团委组织"三下乡"社

会实践服务团在扶贫点平塘县卡蒲毛南族乡摆卡村捐款6000余元建设"青春助力脱贫攻坚——'志智双扶'"和农家书屋"'校农结合，文艺帮扶'"爱心书屋。历史与民族学院组织师生深入都匀市归兰水族贫困乡进行"乡村振兴"调研。旅游与资源环境学院组织师生深入福泉市凤山镇开展贫困调查。教学科学学院"教育关爱服务团"深入多个贫困乡村留守儿童家中开展教育关爱活动。化学化工学院两名实习生在扶贫点平塘县卡蒲毛南族乡实习期间，开展农产品检测工作，在农残检测实验室投入新的仪器设备后对仪器设备进行安装调试、参与农产品的采购中30批农产品的样次检测，共上传759条样品检测数据，每天完成对135个样品的检测。科研处服务地方发展中心杨再波教授、郭治友教授在毛尖镇富溪村对重病家庭送鸭苗。

2018年11月30日，在学院党委安排部署下，组织部牵头负责，组织15个二级学院党委（党总支）和6个机关党支部41名党员，代表党组织分赴平塘县卡蒲毛南族乡摆卡村、新关村和场河村21户贫困户家庭，深入走访和调研，了解贫困户生产、生活、家庭收入来源、产业发展等情况，根据收集到的信息，编写了2019年结对帮扶贫困户家庭工作方案，为2019年开展新一轮党建帮扶打下了良好的基础。

（六）开展技术培训和中小学教育师资培训

在扶贫点平塘县卡蒲毛南族乡建设的农产业示范基地开展种养殖业技术技能培训，现场开展观摩教学，并到田间地头示范。在培训过程中，把教育扶贫与扶智、扶志相结合，激发贫困户脱贫奔小康的内生动力，增强其脱贫致富的信心和决心。学院在平塘县举办了扶贫点乡村工作人员"双语"服务能力提升培训班，参训教师和乡村工作人员37人。化学化工学院到扶贫点摆卡村帮扶建设的生猪养殖示范基地现场考察并在村委会组织举办生猪养殖培训讲座，生物科学与农学院到扶贫点新关村帮扶建设的蔬菜种植示范基地、紫王葡萄种植示范基地考察并现场指导栽培技术。

（七）开展习近平扶贫相关重要论述进课堂、进教材、进头脑活动

学院党委举行习近平扶贫重要论述专题课启动仪式，该课程内容以"扶贫开发是社会主义的本质要求""农村贫困人口脱贫是全面建成小康社会最艰巨的任务""扶贫开发要坚持发挥政治优势和制度优势""精准扶贫精准脱贫"

"扶贫同扶志扶智相结合""阳光扶贫、廉洁扶贫""抓好党建促脱贫攻坚""消除贫困是人类的共同使命"等习近平扶贫重要论述为第一个专题，强化学生以习近平新时代中国特色社会主义思想为指导，科学理论武装，引导优秀大学毕业生投身脱贫攻坚主战场建功立业。第二个专题以解读党中央国务院、贵州省委省政府脱贫攻坚重大战略部署为重点，详细解读精准扶贫、精准脱贫相关目标任务、政策措施、具体要求等，帮助学生掌握脱贫攻坚相关政策和具体内容，在实际工作中"领先一步"。第三个专题为"新时期脱贫攻坚模式、先进典型撷英"，重点介绍新时期特别是在贵州脱贫攻坚工作中涌现出的经典模式和先进典型个人，树立榜样，典型引路。第四个专题为"脱贫攻坚能力培养"，将脱贫攻坚"五步工作法"以及基本技能知识等传授给学生，提高学生适应能力。目前学院正在组织教师编写"习近平扶贫重要论述系列讲座专用教材"。

（八）参加高规格会议，宣传推广"校农结合"经验模式

2018年7月15日，教育部学校规划建设发展中心在天津举行全国"农校对接精准扶贫"推进会，贵州省教育厅以"深化'校农结合'助力精准扶贫"为题，介绍了贵州"校农结合"工作经验成效，突出了黔南民族师范学院"定点采购、产业培扶、基地建设、示范引领"助推精准脱贫的经典模式作法。黔南民族师范学院发挥高校人力、智力优势，通过定点合同采购、配套产业扶持、实施基地示范引领、不断扩大升级，"校农结合"增强贫困户发展内生动力，推进"扶志"与"扶智"相结合，实现一仗双赢等创新作法引起与会者广泛关注和点赞，对"贵州作法"产生强烈共鸣。

（九）打造"校农结合"民族文化品牌

学院组建由文化产业专业教师和客座教授组成的摄制团队，到平塘县采风、搜集素材，确定以非遗文化项目平塘县塘边镇八音弹唱为题材，将扶贫工作、人文社科调研和非遗文化宣传联系在一起，合力打造黔南州民族文化品牌，提高作品的社会价值，让更多的人认识黔南州。摄制的影像作品《清水村轶事》主要讲述了主人公不懈努力，带动村民传承弘扬布依族优秀传统文化"八音弹唱"，促使其走出山野之乡，登上大雅之堂，助力贫困村少数民族脱贫奔康的艰辛历程。《清水村轶事》由旅游与资源环境学院推荐参加了2018年5~6月在山东枣庄举行的"中国梦·扶贫攻坚影像盛典"大赛评选活动，在2300多个影像作品中脱颖而出，斩获高校单元二等奖，人民网、央广网、中新网和美国华视网均对盛典进行了报道。《清水村轶事》的获奖对学校扶贫点

塘边镇打造少数民族文化品牌起到了宣传作用。2018年10月27日，学院以"校农结合助推脱贫奔小康"为题材，引用和借鉴贵州独山花灯传统音乐曲调和唱腔以及花灯基本动作，以地方花灯戏曲为基调，自创、自编、自演了地方剧种花灯小戏《校农结合助推脱贫奔小康》，在第十三届"多彩校园·闪亮青春"全省大学生校园文化活动月之高校大学生首届戏曲大赛中，喜获最佳编创奖和团体二等奖。

（十）积极开展"校农结合"宣传，营造良好舆论氛围

在2017年学校"校农结合"得到省级领导书面批示和大会点名表扬后，2018年，"校农结合"工作继续受到省领导关注。2月13日，贵州省委书记孙志刚批示"实践证明，'校农结合'符合贵州实际，一仗双赢。望扎实推进，扩大战果，取得更大实效"。4月9日，孙志刚又批示"成效明显，潜力很大，望再接再厉，不断深化，不断取得新的成绩"。中央、省市、州各级主流媒体纷纷报道黔南师院"校农结合"助推脱贫攻坚工作成效。6月23日，贵州电视台报道《校农结合——产销对接，一仗双赢》。7月15日多彩贵州网以《黔南师院"校农结合精准扶贫"模式"闪亮"走向全国》为题报道学校"校农结合"模式。7月18日，《贵州日报》报道《黔南师院着力培养脱贫攻坚生力军》。7月24日，多彩贵州网以《黔南师院暑期"服务脱贫攻坚"实践活动如火如荼》为题报道学校扶贫攻坚和民族双语宣讲党的十九大精神工作。8月28日《贵州日报》刊发文章《乡村振兴要在关键环节练大功夫》。《当代贵州》第27期刊发文章《黔南乡村文化振兴之路》。8月30日，《贵州日报》和今贵州新闻网分别报道《黔南民族师范学院对接平塘县卡蒲毛南族乡——"校农结合"助推高质量农产品"走出去"》。9月28日，《贵州省政协报》刊发文章《"扶志"与"扶智"有机结合——黔南民族师范学院"校农结合"助推脱贫攻坚》。10月24日，中国教育电视台报道《农产品销售成常态，"校农结合"引增收》。

三、"校农结合"存在的问题和困难

（一）农产品配送价差问题

物流配送企业因考虑经营效益和得失问题，导致农产品价差影响了企业积极性。2018年3月，黔南民族师范学院与农产品配送企业贵州省绿色农产品

流通控股有限公司合作签约后，该公司在学校扶贫点平塘县卡蒲毛南族乡现场采购配送到学校农产品，因运费、税费等因素，价格高于食堂自行采购同类产品价格。2018年3月以来，该公司与学院食堂之间在农产品采购配送价格上僵持不下，后勤部门多次参与价格协调会，始终没有达成共识，大部分产品价差维持在10%左右，学生食堂餐饮企业不愿接收配送的农产品，农产品配送的数量和总额不够理想。目前仍未找到政策依据弥补价差带来的亏损问题，配额换订单差额带来的利润没能全部填平价差，导致企业积极性受挫。

（二）企业配送存在的问题

学校与农产品配送企业签订配额换订单协议后，农产品配送企业对市场的整合能力不足，在扶贫点季节性农产品单品量过大时，配送企业无法整合资源消化，导致滞销。特别是随着"校农结合"的规模扩大，学校食堂采购总量有限，流通企业配送的学校需求量不足，出现了阶段性"饱和"、部分产品"短期过剩"、总体性的"校农结合""新卖难"等问题。此外，学校作为以办学为主的事业单位，在教育扶贫方面没有专项资金，仅靠学校办学经费中挤出的一点资金及充分利用自身资源优势助力脱贫攻坚，其实能力有限。

（三）扶贫点存在的问题

"校农结合"总量需求有限，不能"包打天下"。其一，贫困地区需求心切，特别是地方政府总希望学校扩大"校农结合"覆盖面，但学校又力不从心；其二，农产品产业调整难度大，需要一定的周期，季节性农产品较多，造成农产品品种单一、单品量大，质量参差不齐；其三，"校农结合"部分基地建设发展很快，季节性单种农产品产量迅猛提高，造成囤积现象，由此出现季节性产品"卖难"的问题，学校无法及时消化积压的单种农产品。此外，扶贫点青壮劳动力外出打工者较多，留下来的多为年老体衰群体，在接受科技培训指导时很难理解和把握新的知识和技术，传统的种植养殖生产力落后。部分群众文化程度不高，对扶贫工作的理解肤浅，甚至有争当贫困户的想法和"等、靠、要"的消极思想以及"能过则安"的守旧思想，自主发展和主动发展的动力仍显不足。

四、"校农结合"下一步工作思路及意见建议

在省委"来一场振兴农村经济的深刻的产业革命"号召下，黔南民族师范

学院正开启振兴农村经济产业革命新模式，继续以"校农结合"为着力点，全面铺开服务农村产业革命工作。

（一）工作思路

一是完善网络销售平台，积极推进精准扶贫工作，对学校扶贫点的建档立卡精准扶贫户的种植、养殖信息要及时掌握，并将其及时录入农产品直销平台，推动"线上预约、线下直购"，与全国"农校对接服务网"对接。二是突破价格障碍，构建利益共同体，试推行"以奖代补"的办法，解决价差问题。三是合理规划产业结构及布局，加强技术指导，实现农产品产业化、标准化、规范化，拓展外销渠道，推动"黔货出山"。四是扎实推进科技兴农、"校农结合"延伸、科技攻关、品牌创建、专家智库、驻村帮扶等"十大工程"，智志双扶，实现定点帮扶工作领域和内容的全覆盖。五是积极争取上级支持"校农结合"的专项资金，不断创新延伸"校农结合"举措，总结提升，形成更多可复制的精准扶贫方式。

（二）意见建议

"校农结合"不可能包打天下，它对学校是适合的脱贫攻坚模式，但又不是唯一的脱贫攻坚模式。脱贫攻坚的模式是多样化的，一种模式在某区域适合，到其他区域又不一定适合，要有差异化。现结合工作实践提出几点意见和建议：一是政府要统筹学校需求市场，对产业规划进行调节；二是学校要求食堂加大对扶贫点"校农结合"农产品的采购量；三是继续选派党建扶贫工作队员驻村蹲点，帮助开展"校农结合"农产品采购和产业培扶工作；四是搭建一个政府或市场平台，以奖代补，以买的形式补偿配送环节的亏损，实施差异化配送；五是广泛动员社会参与，引导相关机构配合，对农产品进行检测，确保产品检测过关、食品安全。总的来讲，在起步阶段，政府要占主导，实施行政干预，在产业发展形成一定规模、各方面关系理顺之后，再逐步过渡到市场主导、遵循市场价值规律的层面。